Introdução à física:
aspectos históricos, unidades de medidas e vetores

DIALÓGICA

O selo DIALÓGICA da Editora InterSaberes faz referência às publicações que privilegiam uma linguagem na qual o autor dialoga com o leitor por meio de recursos textuais e visuais, o que torna o conteúdo muito mais dinâmico. São livros que criam um ambiente de interação com o leitor – seu universo cultural, social e de elaboração de conhecimentos –, possibilitando um real processo de interlocução para que a comunicação se efetive.

Introdução à física:
aspectos históricos, unidades de medidas e vetores

Álvaro Emílio Leite

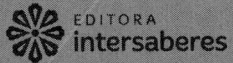

Rua Clara Vendramin, 58 . Mossunguê
CEP 81200-170 . Curitiba . PR . Brasil
Fone: (41) 2106-4170
www.intersaberes.com
editora@editoraintersaberes.com.br

conselho editorial • Dr. Ivo José Both (presidente)
• Dr.ª Elena Godoy • Dr. Nelson Luís Dias
• Dr. Neri dos Santos • Dr. Ulf Gregor Baranow

editora-chefe • Lindsay Azambuja

supervisora editorial • Ariadne Nunes Wenger

analista editorial • Ariel Martins

preparação • EBM Edições e Revisões

capa e projeto gráfico • Mayra Yoshizawa

diagramação • Estúdio Nótua

1ª edição, 2015.
Foi feito o depósito legal.
Informamos que é de inteira responsabilidade do autor a emissão de conceitos.
Nenhuma parte desta publicação poderá ser reproduzida por qualquer meio ou forma sem a prévia autorização da Editora InterSaberes.
A violação dos direitos autorais é crime estabelecido na Lei n. 9.610/1998 e punido pelo art. 184 do Código Penal.

Dado internacionais de Catalogação na Publicação (CIP)
(Câmara Brasileira do Livro, SP, Brasil)

Leite, Álvaro Emílio
Introdução à física: aspectos históricos, unidades de medidas e vetores/Álvaro Emílio Leite. Curitiba: InterSaberes, 2015.

Bibliografia.
ISBN 978-85-443-0162-3

1. Física 2. Física – Estudo e ensino 3. Física – Medições 4. Pesos e medidas 5. Vetores (Matemática) I. Título.

15-00781 CDD-530.7

Índices para catálogo sistemático
1. Física: Estudo e ensino 530.7

Sumário

Dedicatória 7
Apresentação 9

1 A ciência física 11
   1.1 O que é física? 12
   1.2 Ramos da física 15
   1.3 Físicos brasileiros 55

2 Grandezas e unidades de medidas 57
   2.1 Unidades de medidas 58
   2.2 Sistemas de unidades 69

3 Análise dimensional e notação científica 79
   3.1 Análise dimensional 80
   3.2 Notação científica e ordens de grandezas 82
   3.3 Operações fundamentais com números em notação científica 84
   3.4 Algarismos significativos 86

4 Grandezas escalares e vetoriais 93
   4.1 Vetores 95

5 Produto escalar e produto vetorial 133
   5.1 Produto escalar ou produto interno 134
   5.2 Produto vetorial ou produto externo 150

Considerações finais 167
Referências 169
Respostas 173
Sobre o autor 177

Dedicatória

Para Gabriela, com muito amor e carinho.

Apresentação

Esta obra foi escrita com a intenção de cumprir a função referencial, também chamada de *curricular* ou *programática*, de acordo com categorias propostas por Choppin (2004, p. 553). A característica principal de uma obra com esse propósito é atender ao programa de ensino de uma ou mais unidades curriculares.

Foi pensando nisso que elaboramos este livro, a fim de que, em qualquer momento de necessidade, você possa recorrer a ele e encontrar o conteúdo previsto na disciplina de Introdução à Física de seu curso. Mesmo sendo uma obra introdutória, em algumas passagens apresentamos sucintamente conceitos mais avançados, com o objetivo de proporcionar a você, leitor, uma aproximação paulatina da linguagem da física e das grandezas que poderão ser estudadas em obras mais avançadas.

Sendo assim, no **Capítulo 1** buscamos tratar de informações que lhe permitam a construção de uma resposta para a pergunta "O que é física?" e, em seguida, apresentamos os aspectos históricos e alguns personagens que contribuíram para a evolução da ciência.

No **Capítulo 2**, abordamos as principais unidades de medidas de tempo, massa e comprimento, fazendo, sempre que possível, um resgate histórico, com vistas a esclarecer os motivos que justificaram a criação de determinadas unidades, bem como dos contextos em que elas foram criadas. Em seguida, apresentamos as grandezas e respectivas unidades que formam o Sistema Internacional de Unidades (SI) e também uma técnica utilizada para converter as unidades de um sistema para outro.

As ferramentas e técnicas para fazer uma análise dimensional, realizar operações com números que apresentam ordens de

grandezas muitos grandes ou muito pequenas – se comparadas com as que estamos habituados em nosso cotidiano –, os critérios de arredondamento e os algarismos de uma medida de laboratório que devemos considerar como significativos são vistos no **Capítulo 3**.

Na sequência, no **Capítulo 4**, apresentamos a distinção entre grandezas escalares e vetoriais e as operações de soma e subtração de vetores.

No **Capítulos 5**, abordamos duas maneiras essenciais de "multiplicar" vetores: o produto escalar e o produto vetorial. Para estudar tais operações, lançamos mão de grandezas físicas que serão discutidas em níveis mais avançados, mas que cumprem muito bem o papel de servir como exemplo para o nível de ensino a que a obra se destina.

Acreditamos que o caminho percorrido pelas páginas deste livro contribuirá para a ampliação do seu conhecimento, leitor, e, consequentemente, para o seu crescimento intelectual e pessoal. Sendo assim, utilize-o com determinação e entusiasmo, tendo a certeza de que conseguirá compreender os conceitos físicos nele abordados.

1.
A ciência física

A ciência física

De onde vem a chuva? Por que o Sol nasce no Oriente e se põe no Ocidente? Por que alguns materiais flutuam na água e outros não? Perguntas elementares como essas moveram e movem a mente humana em busca de respostas que podem ter caráter científico, mítico ou religioso. A física é a ciência que se ocupa da busca por respostas lógicas, que têm uma teoria científica como pano de fundo, e é isso que veremos no decorrer deste capítulo.

1.1. O que é física?

Em seu livro *Os dragões do Éden*, **Carl Sagan** (1934–1996), com a intenção de apresentar didaticamente a evolução do universo, propõe um calendário cósmico em que as evidências históricas da origem e da evolução do universo estão condensadas no intervalo de tempo de um ano terrestre.

Nesse calendário, Sagan (1977, p. 21) aponta que a grande explosão – o *Big Bang* – teria ocorrido no primeiro segundo do dia 1º de janeiro. A via láctea dataria do dia 1º de maio e a vida na Terra teria surgido somente por volta de 25 de setembro. Os dinossauros surgiriam em 24 de dezembro e seriam extintos 4 dias depois, no dia 28. Os primeiros primatas apareceriam no dia 29 e os seres humanos somente por volta das 22h 30min de 31 de dezembro. E, para mostrar quão efêmera é nossa passagem pelo planeta Terra, Sagan conclui dizendo que os últimos 475 anos de nossa história estariam condensados no último segundo de 31 de dezembro.

> O *Big Bang* é uma teoria cosmológica proposta em 1927 pelo padre belga **Georges Lemaître** (1894–1966). Para ele, em determinado instante (conhecido como *instante zero*), um átomo primordial quente e denso explodiu e começou a se expandir e resfriar, originando o universo que "conhecemos" hoje. Lemaître formulou sua teoria tomando como base a teoria da relatividade de Albert Einstein (1879–1955) e as hipóteses de que o universo é homogêneo e isotrópico.
>
> Anos depois, em 1946, o cientista ucraniano naturalizado americano **George Gamow** (1904–1968) desenvolveu um pouco mais a ideia de Lemaître, defendendo a não existência do átomo primordial, mas, em seu lugar, uma "sopa cósmica" composta de nêutrons em altas temperaturas. A fusão dos nêutrons teria dado origem aos átomos mais leves (hidrogênio, hélio e lítio). Em 1948, Gamow postulou a existência de uma radiação cósmica de fundo, detectada, por acaso, em 1965, pelos físicos norte-americanos Penzias (1933–) e Wilson (1936–), à temperatura de 2,7 Kelvin (–270,3 °C).

> Nessa perspectiva, e de acordo com a teoria do *Big Bang*, o início do universo teria ocorrido há aproximadamente 15 bilhões de anos, sendo essa a sua idade teórica.

Assim, o estudo dos fenômenos naturais, tal como ocorrem no espaço e no tempo, é o principal atributo da física (do grego *physis*, que significa "natureza"), a qual os descreve muito bem, mas nem sempre consegue explicá-los. Por exemplo: dizer que a força de atração gravitacional entre dois corpos é proporcional ao produto de suas massas e inversamente proporcional ao quadrado da distância que os separa não é uma explicação do motivo pelo qual essa interação ocorre, mas sim uma mera descrição do fenômeno físico. Da mesma forma, afirmar que a força de atrito entre duas superfícies é proporcional à força normal que uma superfície exerce sobre a outra não explica a causa do fenômeno em si, apenas o descreve.

> O atrito entre duas superfícies foi bastante estudado por Leonardo da Vinci (1452–1591), que almejava diminuir o desgaste entre as engrenagens das máquinas que construía. O polímata italiano chegou a enunciar algumas leis (Bassalo, 2014):
> - O atrito provocado pela mesma força peso terá a mesma resistência no início do movimento, ainda que as áreas ou o comprimento de contato sejam diferentes.
> - Se a força peso for dobrada, o atrito provoca o dobro do esforço (o dobro da resistência).
> - O atrito depende da natureza dos materiais em contato.

A física busca **compreender cientificamente os fenômenos naturais que estão a nossa volta**, desde a caracterização e a interação das partículas mais elementares até os grandes aglomerados que constituem o nosso universo. Para isso, conta com uma ferramenta poderosa, a **matemática**, que, com sua linguagem lógica, contribui sobremaneira para o entendimento, a indução e a dedução do comportamento dos fenômenos naturais.

A aplicação do conhecimento físico em prol da humanidade traz inquestionáveis contribuições para o desenvolvimento da tecnologia que observamos em nosso cotidiano, indo do entendimento de como funciona uma simples caneta à compreensão minuciosa da construção de naves e estações espaciais.

A ciência física

Na ponta de uma caneta esferográfica existe uma esfera de metal (daí a origem do nome *esferográfica*) presa em um orifício. Quando escrevemos com a caneta, a esfera gira, molhada pela tinta que fica armazenada em um cartucho, a qual desce até a esfera pelo efeito da força gravitacional. Caso você precise escrever em um suporte no qual seja necessário inclinar a caneta (por exemplo, riscar a laje da sua casa para colocar gesso), ela não funcionará (ou funcionará até que a tinta que já estava na esfera se esgote).

Crédito: Fotolia

A invenção da caneta foi possível porque o homem entendeu que objetos se atraem mutuamente com forças de mesma intensidade e direção, porém de sentidos opostos (terceira lei de Newton). A tinta da caneta é atraída pela Terra com uma força de mesma intensidade da que a tinta atrai a Terra. No entanto, em virtude da grande inércia, o movimento da Terra é desprezível.

Crédito: NASA

De acordo com Scenario Development Environment (SDE, 2014),

> [a] Estação Espacial Internacional (EEI) [...] é um laboratório espacial completamente concluído, cuja montagem em órbita começou em 1998 e acabou oficialmente em 8 de Junho de 2011 na missão STS-135. A estação encontra-se em órbita baixa (entre 340 km e 353 km), que possibilita ser vista da Terra a olho nu, e viaja a uma velocidade média de 27.700 km/h, completando 15,77 órbitas por dia.

A aceleração gravitacional nas proximidades da superfície terrestre é de aproximadamente 9,81 m/s², enquanto a EEI está submetida a uma aceleração de cerca de 8,4 m/s². Contudo, em virtude da curvatura causada pela força centrípeta, a sensação na EEI é de gravidade zero (sensação de imponderabilidade).

A construção da estação espacial só foi possível em função da grande quantidade de observações, teorias e experiências realizadas, principalmente, nos últimos séculos.

Em suma, se olharmos a nossa volta, perceberemos que estamos rodeados de fenômenos naturais, os quais, depois de observados, teorizados e experimentados (quando possível), permitem ao homem o desenvolvimento de artefatos tecnológicos que podem ser utilizados para o crescimento e a evolução da humanidade.

1.2 Ramos da física

O campo de atuação da física é bastante vasto e, por vezes, complexo. Por isso, com a intenção de sistematizar e facilitar o entendimento do conhecimento físico produzido pela humanidade, o processo de transposição didática[i] das teorias geralmente é dividido em ramos, nos quais se enquadram os fenômenos que apresentam propriedades comuns ou semelhantes. Uma subdivisão bastante comum é considerar como ramos a **mecânica**, a **termologia**, a **óptica** e **ondulatória**, o **eletromagnetismo** e a **física moderna**. Veja, a seguir, o foco de estudo de cada um desses ramos:

- **Mecânica** – Estuda os fenômenos relacionados com o movimento dos corpos. Geralmente, é subdivida em cinemática, estática e dinâmica.
- **Termologia** – Estuda os fenômenos térmicos. De modo geral, subdivide-se em termometria, calorimetria, termodinâmica, dilatações térmicas e gases.
- **Óptica e ondulatória** – Estuda os fenômenos luminosos e os movimentos oscilatórios. Usualmente, divide-se em ondulatória, óptica geométrica e óptica física.
- **Eletromagnetismo** – Estuda os fenômenos elétricos e magnéticos e as suas relações. Via de regra, divide-se em eletricidade, magnetismo e o próprio eletromagnetismo.
- **Física moderna** – Estuda as teorias que surgiram no início do século XX, principalmente a mecânica quântica e a teoria da relatividade.

É válido destacar que essas subdivisões não passam de uma tentativa de delimitar um conjunto de fenômenos com características comuns. Isso em hipótese alguma significa que os ramos não se imiscuem. Pelo contrário, os esforços dos físicos são para cada vez mais unificar as teorias e criar descrições e explicações gerais que possam ser aplicadas em qualquer ramo.

Na seção seguinte, apresentaremos aspectos históricos da evolução de cada um desses ramos.

---
i   O conceito de *transposição didática* aplicado ao ensino. De acordo com Chevallard (2005), pode ser entendido como o processo pelo qual o conhecimento científico passa por transformações e adaptações para se tornar conhecimento escolar.

A ciência física

1.2.1 Aspectos históricos da evolução dos ramos da física

Registros históricos mostram que, ao longo dos milênios, o estudo incessante, a sistematização de incontáveis conhecimentos e os avanços e retrocessos da ciência permitiram ao homem modificar seu mundo, ao mesmo tempo que, valendo-se de teorias, observações e experiências, procurou encontrar descrições razoáveis para o seu funcionamento.

Falar sobre toda a história da física é uma tarefa inesgotável, considerando-se que muito da produção humana se perdeu no decorrer do tempo. Um exemplo clássico é o incêndio da **Biblioteca de Alexandria**, em 48 a.C., provocado acidentalmente por Júlio César quando incendiou uma frota de navios para evitar a fuga dos inimigos pelo mar. O fogo alastrou-se pela cidade e atingiu a Biblioteca, transformando em cinzas grande parte do conhecimento produzido pela humanidade até então.

Dada a vastidão de possibilidades para abordar a história da física, nesta obra faremos um recorte, privilegiando o desenvolvimento do conhecimento científico produzido após a Idade Média. Isso não significa que a produção anterior a esse período não tenha valor, pois o questionamento das concepções anteriores serviu de fio condutor para a construção do que se considera hoje a ciência de um modo geral. No entanto, como este livro não é exclusivamente sobre a história da física, optamos por mostrar aspectos de sua evolução que aconteceram a partir do momento que os pensadores abriram mão das explicações divinas e místicas e começaram a enxergar e analisar os fenômenos naturais de maneira mais racional, incorporando em seus métodos a experimentação. Isso ocorreu com maior frequência a partir do século XVI.

É válido ressaltar também que consideramos a **ciência** como uma **construção coletiva da humanidade**, e não somente como o resultado de *insights* de alguns expoentes muitas vezes mitificados, como Galileu (1564–1642), Newton (1643–1727) e Einstein. Vamos, sim, abordar curiosidades sobre esses personagens da ciência, mas sempre entendendo que – parafraseando o próprio Newton – eles chegaram aonde chegaram porque se apoiaram em conhecimentos anteriores desenvolvidos por outros cientistas e pensadores.

1.2.1.1 Mecânica

Na Grécia antiga, todos os fenômenos físicos eram basicamente explicados por **deduções** e **hipóteses** criadas pela mente humana, e não pela **observação de experiências**. Indiscutivelmente, um dos maiores e mais importantes pensadores daquele período foi **Aristóteles de Estagira** (384 a.C.–322 a.C.), que, embora não tenha desenvolvido habilidades e competências para descrições quantitativas, conseguiu produzir, por meio de exercício mental, uma interpretação qualitativa coerente dos fenômenos naturais.

Aristóteles nasceu em Estagira, uma antiga cidade da Macedônia, atual Grécia. Foi aluno de Platão e professor de Alexandre, o Grande. É tido por muitos como um dos fundadores da filosofia ocidental.

Para Aristóteles e seus partidários, a Terra tinha lugar privilegiado no espaço, sendo considerada o centro do universo. Essa ideia foi bastante estudada por **Cláudio Ptolomeu** (90–168), que apresentou sua **teoria geocêntrica** na obra *Almagesto* (que significa "grande tratado"), no início da Era Cristã (século II d. C.). A hipótese dessa teoria é de que a Terra estava em um lugar central e os demais astros do sistema solar orbitavam ao seu redor.

Cláudio Ptolomeu nasceu em Ptolemaida Hérmia, no alto Egito, mesmo local onde morreu, em 168. Trabalhou em Alexandria (Egito) entre os anos de 120 e 145. Apropriando-se do modelo de mundo de Aristóteles, escreveu a obra *Almagesto*, que foi praticamente uma unanimidade entre os estudiosos durante toda a Idade Média. Essa obra é uma coleção de 13 livros, o maior catálogo de estrelas da Antiguidade, na qual está descrito o modelo geocêntrico (ou modelo ptolomaico) do universo. De acordo com ele, os astros do sistema solar giram em torno da Terra na seguinte ordem: Lua, Mercúrio, Vênus, Sol, Marte, Júpiter e Saturno, conforme ilustrado na Figura 1.1.

A ciência física

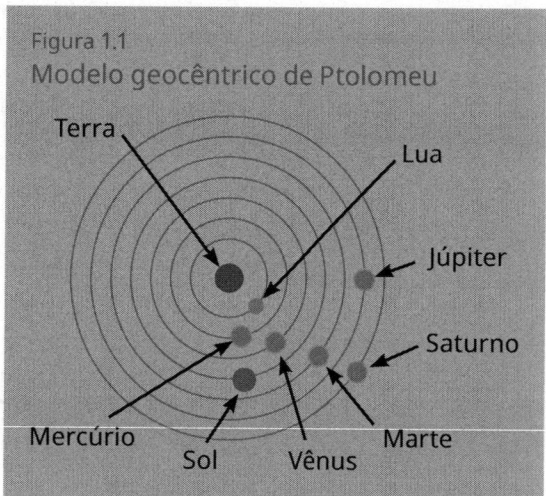

Figura 1.1
Modelo geocêntrico de Ptolomeu

A teoria de Ptolomeu – e o pensamento de Aristóteles – manteve-se praticamente estática durante a Idade Média e perdurou até o Renascimento, por volta do século XV, quando foi duramente atacada pelos partidários da **teoria heliocêntrica**. Um dos principais problemas apresentados pela teoria geocêntrica era a explicação dada para o movimento retrógrado de determinados planetas (hoje sabemos que esse movimento é aparente). Quando observados da Terra, alguns planetas pareciam realizar movimentos que descreviam retornos em relação à posição das estrelas. Para explicar tal fenômeno, Ptolomeu teve de lançar mão da ideia de epiciclo, o qual seria um pequeno círculo formado pelo movimento de um planeta em torno de um ponto imaginário que, por sua vez, descrevia outro círculo em torno da Terra, chamado de *deferente*. Esse artifício permitiu a Ptolomeu prever a posição dos planetas com certa precisão, fazendo seu modelo continuar sendo usado por cerca de 1 300 anos. A Figura 1.2 a ser seguir ilustra o posicionamento do deferente e do epiciclo.

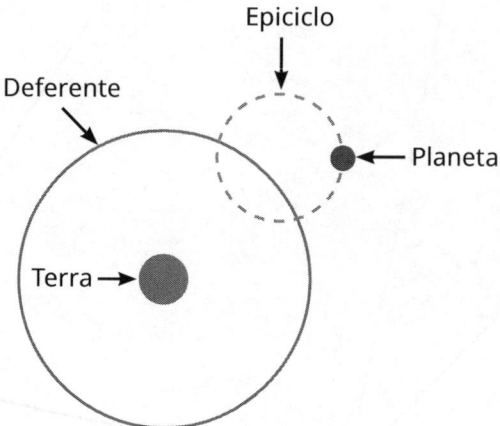

Figura 1.2
Deferente e epiciclo

A ideia de epiciclos de Ptolomeu tornava o movimento dos planetas bastante complicado. Era tão mais simples considerar que todos os planetas giravam em torno do Sol que, em determinado momento, não houve mais como sustentar a teoria geocêntrica.

Foi então que **Nicolau Copérnico** (1473–1543) resgatou a ideia de **Aristarco de Samos** (310 a.C.–230 a.C.) sobre a existência de um universo heliocêntrico.

Nicolau Copérnico nasceu em 1473, na cidade de Toruń, e morreu em 1543, na cidade de Frauenburg, ambas na Polônia. No modelo heliocêntrico (ou copernicano) por ele criado, apresentado na obra *De Revolutions Orbitum Coelestium* (Das revoluções das esferas celestes), os planetas giram em torno do Sol, descrevendo órbitas perfeitamente circulares, como pode ser observado na Figura 1.3:

Figura 1.3
Sistema heliocêntrico de Copérnico

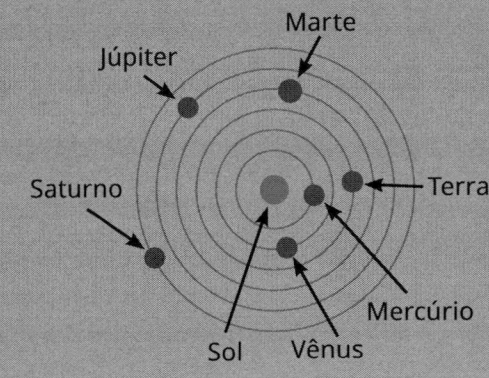

A ciência física

Crédito: André Müller

Aristarco de Samos nasceu em Samos, na Grécia, em 310 a.C., e morreu em 230 a.C. Foi o primeiro astrônomo a propor que a Terra girava em torno do Sol e realizava um movimento de rotação. Além dessa contribuição, Aristarco estimou que a distância da Terra até o Sol seria 20 vezes maior que a distância entre a Terra e a Lua. Embora hoje saibamos que essa diferença é de 400 vezes, o método utilizado por Aristarco estava correto e, por isso, suas conclusões são admiradas pela coerência. O astrônomo também estimou que o diâmetro da Lua seria 3 vezes menor que o da Terra (hoje sabemos que é 3,7) e que o do Sol seria 20 vezes maior que o da Lua e 7 vezes maior que o da Terra.

A hipótese de Copérnico era de que os planetas descreviam órbitas perfeitamente circulares em torno do Sol. Desse modo, ele conseguia explicar com facilidade o movimento retrógrado de Marte como um movimento aparente que ocorria em razão da diferença nas velocidades das órbitas da Terra e de Marte. Vista da Terra, a projeção do movimento de Marte sobre a esfera celeste resulta em um aparente movimento retrógrado.

Inicialmente interessada na teoria de Copérnico, a Igreja, a partir de determinado momento, enxergou desvantagens em admitir que a Terra não era o centro do universo. Passou então a perseguir os adeptos dessa teoria, fazendo-os renunciar às suas convicções sob pena de serem queimados vivos pela Inquisição. Um dos punidos foi o padre italiano **Giordano Bruno** (1548–1600).

Copérnico não era um observador. Assim, sua teoria foi construída sem levar em conta dados astronômicos. Para ele, afirmar que o movimento dos astros em torno do Sol era circular já representava uma grande contribuição para o entendimento do universo.

No entanto, coube ao astrônomo alemão **Johannes Kepler** (1571–1630), apoiado nos dados coletados pelo astrônomo dinamarquês **Tycho Brahe** (1546–1601), mostrar que os planetas não se moviam em órbitas perfeitamente circulares, mas sim em órbitas elípticas.

Johannes Kepler nasceu em 1571, na cidade de Weil der Stadt, atual Alemanha, e morreu em 1630, em Ratisbona, também na Alemanha. Kepler era um entusiasta da teoria de Copérnico, chegando a ser exilado da Áustria por defendê-la. Esse fato oportunizou sua ida para Praga, onde passou a trabalhar com Tycho Brahe. Após a morte de Brahe, Kepler herdou o seu posto e também os dados coletados por ele durante anos de observações. Tomando-os como base, Kepler formulou as três leis para a mecânica celeste, conhecidas atualmente como *leis de Kepler*, as quais foram publicadas nas obras *Astronomia nova*, *Harmonia do mundo* e *Epítome da astronomia de Copérnico*, todas de sua autoria.

Tycho Brahe nasceu em 1546, na cidade de Escânia, Dinamarca, e morreu em 1601, em Praga. Foi um astrônomo observacional que estudou detalhadamente as fases da Lua e coletou dados sobre a posição das estrelas e dos planetas com uma precisão incrível para a época. Para realizar suas observações astronômicas, contava com um observatório na Ilha de Ven, localizado entre a Dinamarca e a Suécia. Brahe não era adepto da teoria de Copérnico, tendo criado sua própria teoria, em que admitia que o Sol girava em torno da Terra e os outros planetas giravam em torno do Sol (modelo geo-heliocêntrico).

A ciência física

Na mesma época, na Itália, **Galileu Galilei** (1564–1642) desenvolveu estudos sistemáticos sobre o movimento de corpos com aceleração constante e o movimento pendular. Entre suas várias contribuições está o enunciado da lei dos corpos e o princípio da inércia.

A lei dos corpos afirma que, se não fosse pela resistência oferecida pelo ar, os objetos cairiam com aceleração constante, independentemente de suas massas. Esse fenômeno pode ser observado no vácuo por meio de um equipamento conhecido hoje como *tubo de Galileu*[ii], conforme ilustrado na figura a seguir.

Figura 1.4
Tubo de Galileu

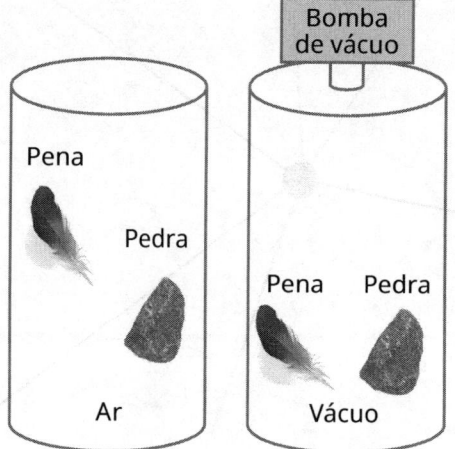

Por sua vez, o princípio da inércia já havia sido enunciado por outros filósofos, mas foi Galileu quem o verificou experimentalmente. O enunciado atual desse princípio afirma que todo corpo em um estado de movimento em relação a um referencial permanecerá no mesmo estado de movimento, ou seja, um corpo que está parado ou movendo-se com velocidade constante em relação a um referencial inercial permanecerá parado ou com velocidade constante, a menos que a somatória das forças externas que atuam sobre ele não seja nula.

---
ii Atualmente, é possível fazer um tubo de Galileu utilizando um tubo de vidro transparente acoplado a uma bomba de vácuo. Ao retirar o ar de dentro do tubo, os objetos caem, sem estarem sujeitos à força de resistência do ar, ou seja, caem sujeitos à mesma aceleração resultante e, consequentemente, com a mesma velocidade.

Crédito: André Müller

Galileu Galilei nasceu em 1564, em Pisa, e morreu em 1642, na cidade de Florença. Defendeu com veemência o método empírico, colocando um fim no método de fazer ciência utilizado por Aristóteles. Para Galileu, os fenômenos físicos deveriam ser observados e equacionados. O exercício puro da mente não bastava para explicar e descrever o funcionamento do universo.

Entre os instrumentos que contribuíram para a evolução da ciência e que foram construídos por esse cientista, aparecem a balança hidrostática, um compasso que permitia medir facilmente ângulos e áreas, o termômetro de vidro e o relógio de pêndulo. Atribui-se também a Galileu o aperfeiçoamento do telescópio, instrumento que até então não era utilizado cientificamente para fazer observações astronômicas.

Defensor ferrenho do modelo heliocêntrico, Galileu publicou a obra *Diálogo sobre os dois principais sistemas do mundo*, em 1632, na qual três personagens – Salviati (heliocentrista), Simplício (geocentrista) e Sagredo (neutro) – dialogam sobre os dois sistemas (geocêntrico e heliocêntrico). No final das contas, Sagredo acaba por concordar com Salviati. Essa obra foi a principal causa do processo da Inquisição que a Igreja instaurou contra Galileu.

Após ter sido obrigado a negar suas convicções, Galilei foi condenado por suspeita de heresia à prisão domiciliar pelo resto de sua vida. Em 1642, completamente cego, morreu em sua casa, localizada próxima à cidade de Florença.

O legado deixado pelo físico e sua maneira de fazer ciência (fundamentado em experiências sistemáticas) desencadearam uma onda de investigações sobre os fenômenos naturais sem precedentes na história.

A ciência física

Dois anos após a morte de Galileu, em 1644, **René Descartes** (1596–1650) publicou um tratado intitulado *Princípios de filosofia*, no qual enunciou suas leis do movimento, muito parecidas com as que Newton anunciaria mais tarde. Para Descartes, a "força de movimento" seria uma grandeza física que se conservava no universo e era dada pelo produto entre a massa e a velocidade dos corpos. Hoje conhecemos essa grandeza como *momento linear* (ou *quantidade de movimento linear*) e sabemos que ela se conserva para outros sistemas de corpos, e não somente para o universo, como acreditava Descartes.

Crédito: André Müller

René Descartes nasceu em 1596, na França, e morreu em 1650, na Suécia. Grande pensador, ele deixou contribuições notáveis nas áreas da filosofia e da ciência. Na matemática, sugeriu que a álgebra fosse unida à geometria, dando origem à geometria analítica e ao sistema de coordenadas que hoje leva o seu nome (sistema cartesiano de coordenadas). É considerado por muitos o pai da matemática moderna.

Coube a **Isaac Newton**, subsidiado pelas leis de Kepler, pelo trabalho de Descartes sobre a conservação do momento e pelas experiências de Galileu acerca do movimento dos corpos, desenvolver a teoria da gravitação universal, a qual afirma que a força de atração entre dois corpos é proporcional ao produto de suas massas e inversamente proporcional ao quadrado da distância que os separa. Essa teoria foi publicada na obra *Philosophiae Naturalis Principia Mathematica* ("Os princípios matemáticos da filosofia natural"), em 1687.

Crédito: André Müller

Isaac Newton nasceu em 1643, em uma aldeia localizada em Lincolnshire, na Inglaterra, e morreu em 1727, em Londres. É mais conhecido como físico e matemático, embora tenha desenvolvido trabalhos nas áreas da astronomia, da alquimia, da filosofia natural e da teologia.

Um dos grandes feitos de Newton foi demonstrar, com base na teoria da gravitação universal, que o movimento dos objetos nas proximidades da superfície da Terra é governado pelas mesmas leis que descrevem o movimento dos corpos celestes.

Newton também estudou a decomposição da luz branca nas cores do espectro visível, defendendo em seus trabalhos *Nova teoria sobre a luz e cores* (artigo) e *Óptica* (livro) uma teoria corpuscular para a luz. Entre vários outros estudos, também realizou trabalhos sobre o resfriamento dos corpos e a velocidade do som. Na parte matemática, Newton e o alemão Leibniz (1646-1716) dividem (mesmo sem haver consenso) o mérito pela criação do cálculo diferencial integral.

A mecânica newtoniana é tida por muitos como a mais importante teoria de todos os tempos. No entanto, dificuldades na realização de determinados cálculos levaram **Joseph-Louis Lagrange** (1736-1813) a formular uma teoria compatível com a de Newton, mas que combinasse a lei da conservação do momento linear com a lei da conservação da energia.

Da mesma forma que Lagrange, **William Rowan Hamilton** (1805-1865), com a intenção de simplificar os cálculos obtidos por meio da teoria newtoniana, desenvolveu uma nova teoria para estudar o movimento dos corpos. A mecânica hamiltoniana era baseada no princípio da mínima ação, que de maneira simplista e sem rigor para esse nível de explanação afirmava que a natureza era econômica em suas ações.

A ciência física

Joseph-Louis Lagrange nasceu em 1736, na cidade de Turin, Itália, e morreu em 1813, em Paris, França. Em seu livro *Mécanique Analytique* (Mecânica analítica), publicado em 1788, apresentou uma poderosa ferramenta matemática que permite elaborar cálculos escalares com maior facilidade do que os cálculos vetoriais da teoria newtoniana.

William Rowan Hamilton nasceu em 1805, em Dublin, Irlanda, e morreu em 1865, nessa mesma cidade. O seu trabalho em mecânica analítica tornou-se influente nas áreas de mecânica quântica e teoria de campos. Em sua homenagem, é referenciado um conjunto de equações diferenciais chamadas de *hamiltonianas*, as quais representam um sistema físico em que as forças são invariantes da velocidade.

1.2.1.2
Termologia

Para Aristóteles, o fogo constituía um dos quatro elementos das substâncias encontradas na natureza (os outros três elementos eram terra, água e ar). De acordo com a teoria defendida por esse filósofo, o fogo, por ser leve e seco, tinha o seu lugar natural para cima (ou seja, na direção ascendente em relação à superfície da Terra). Essa teoria perdurou por cerca de 2 mil anos, até que, no século XVII, os cientistas iniciaram investigações sistemáticas sobre os fenômenos térmicos.

Foi nessa época que **Robert Boyle** (1627–1691) desenvolveu estudos com gases, o que o levou a formular uma lei que até hoje leva o seu nome: a *lei de Boyle*. Segundo ela, à temperatura constante, o produto entre o volume e a pressão de determinada massa de gás também se mantém constante. Podemos dizer que essa lei foi um marco para a intensificação dos estudos e das experiências na área da termodinâmica.

Crédito: André Müller

Robert Boyle nasceu em 1627, na Irlanda, e morreu em 1691, em Londres, Inglaterra. Deixou contribuições experimentais significativas na área da termodinâmica, tais como: a lei dos gases, um indicador colorido para os ácidos, o melhoramento do termômetro de Galileu e uma explicação para o paradoxo hidrostático. Verdadeiro entusiasta em termos de experimentação, sua lei dos gases foi enunciada somente de forma experimental[iii]. A lei de Boyle também é chamada de *lei de Boyle-Mariotte*, em virtude da realização independente do mesmo experimento pelo cientista francês Edme Mariotte (1620–1684).

Em 1761, **Joseph Black** (1728–1799) realizou trabalhos sobre calor latente, verificando assim que, quando o gelo estava derretendo, não havia aumento de temperatura na mistura gelo/água. Da mesma forma, verificou que, ao fornecer calor para a

---
iii A lei dos gases é experimental, sem uma teoria subjacente. O mesmo aconteceu com as leis de Kepler, que somente tiveram uma explicação teórica após o desenvolvimento da teoria da gravitação universal de Newton.

A ciência física

água em ebulição, não havia aumento da temperatura da mistura água/vapor.

A experimentação nesse campo estava se tornando cada vez mais frequente e os fenômenos térmicos passaram a ser analisados com vistas à construção de máquinas que auxiliassem o trabalho do homem. Nesse sentido, podemos dizer que a Primeira Revolução Industrial, de 1780 a 1850, foi influenciada, principalmente, por engenheiros práticos e, portanto, sem muita base científica. A máquina a vapor de **Thomas Savery** (1650-1715), construída para bombear água das minas de carvão, que em seguida foi aperfeiçoada por **Thomas Newcomen** (1663-1729), é um exemplo de artefato construído com base em conhecimentos experimentais.

Já a Segunda Revolução Industrial teve a participação de cientistas ao lado de engenheiros e técnicos. Dessa vez, a máquina de Newcomen foi aperfeiçoada por **James Watt** (1736-1819), que incorporou a ela um condensador externo. É válido destacar que Watt contou com a ajuda de Joseph Black a fim de lograr êxito em sua tentativa.

Em 1729, **Leonhard Euler** (1707-1783) defendeu que o ar era composto por pequenas esferas que giravam. Essa ideia foi a gênese da **teoria cinética dos gases** – mais tarde, em 1738, aperfeiçoada pelo holandês **Daniel Bernoulli** (1700-1782), em um trabalho intitulado *Hidrodinâmica*, no qual mostrou que, conforme a temperatura de um gás alterava, a sua pressão variava proporcionalmente ao quadrado da velocidade de suas moléculas.

Ainda no século XVIII, **Antoine Laurent Lavoisier** (1743-1794) discutiu a ideia do calórico. Para ele, o calor era um fluido inodoro, imponderável e invisível que ocupava o interior dos corpos, sendo transferido de um corpo para outro por meio do escoamento do calórico no sentido decrescente das pressões dos corpos – ou seja, um corpo que tivesse mais calórico o transferiria para outro que tivesse menos.

Antoine Laurent Lavoisier nasceu em 1743, na França, e morreu em 1794, nesse mesmo país. É considerado por muitos o pai da química. Dedicou grande parte de seus estudos à teoria da conservação da matéria, imortalizada pela frase: "Na natureza, nada se cria, nada se perde, tudo se transforma". É atribuída também a Lavoisier a descoberta de que a molécula de água é composta por dois átomos de hidrogênio e um de oxigênio.

Durante a Revolução Francesa, Lavoisier foi acusado de peculato e traição e, mesmo sob o apelo e a intercessão da comunidade científica, que esclareceu para os juízes a importância do estudioso para a ciência, foi guilhotinado em 8 de maio de 1794, com a frieza das palavras proferidas pelo presidente do tribunal Jean-Baptiste Coffinhal: "A França não precisa de cientistas". Após a execução da sentença, Lagrange teria dito: "Não bastará um século para produzir uma cabeça igual a que se fez cair em um segundo".

Em 1824, **Nicolas Léonard Sadi Carnot** (1796–1832), também utilizando a concepção do calórico – assim como a maioria dos cientistas da época –, criou um modelo de máquina ideal que desprezava o atrito. Nele, a substância utilizada em uma máquina térmica realizava um ciclo completo, retornando, em seguida, ao seu estado inicial. O enunciado do **Ciclo de Carnot** dizia que "A potência motriz do calor era independente dos agentes que trabalham para realizá-la; sua quantidade era fixada unicamente pelas temperaturas dos corpos entre os quais se fazia o transporte do calórico" (Rosa, 2012d, p. 160). Mesmo tomando como base a teoria do calórico, Carnot enunciou uma lei equivalente ao princípio que conhecemos hoje como a *primeira lei da termodinâmica*.

A ciência física

Nicolas Léonard Sadi Carnot nasceu na França, em 1796, local também onde morreu em 1832. Teve uma vida curta, pois foi vítima do cólera. Em um pequeno livreto de 118 páginas intitulado *Reflexões sobre potência motriz do fogo e máquinas próprias para aumentar essa potência*, publicado em 1824, apresentou fundamentos científicos sobre a relação entre força e calor nas máquinas a vapor, obtida por meio da diferença de temperatura nas máquinas.

No fim do século XVIII, a noção de calórico começou a ser combatida por alguns cientistas. Um dos seus mais conhecidos opositores foi **Benjamin Thompson** (1753–1814), o Conde Rumford. Para ele, o calor seria uma vibração dos átomos, e a temperatura, a intensidade desses movimentos.

Já no século XIX, **James Prescott Joule** (1818–1889) dedicou-se a estabelecer uma relação entre calor e trabalho mecânico. Seus esforços culminaram numa forma mais atual da primeira lei da termodinâmica (também conhecida como *princípio de Joule*), que afirma que "a energia do universo é constante". A partir de então, mesmo com grande resistência da comunidade científica, o calor passou paulatinamente a ser visto como energia em trânsito, enquanto a teoria do calórico de Lavoisier se tornava cada vez mais obsoleta.

James Prescott Joule nasceu em 1818, no Reino Unido, onde morreu em 1889. Também realizou experiências nas áreas do calor e da eletricidade, como a da produção de calor em um condutor após a passagem de uma corrente elétrica, sendo a quantidade de calor produzida proporcional à resistência elétrica do condutor. Esse fenômeno observado por Joule é conhecido atualmente como *efeito Joule*.

Após sua morte, o físico foi homenageado, recebendo a unidade de energia e de trabalho no Sistema Internacional de Unidades (SI) o seu nome.

Ainda no século XIX, incentivado pelos trabalhos de Carnot e pelas experiências de **Jacques Charles** (1746–1823) sobre a variação de volume de gases em função da temperatura, **William Thomson** (1824 – 1907), o **Lord Kelvin**, concluiu que qualquer gás à temperatura de –273 °C teria volume igual a zero. Mais tarde, em 1848, o próprio Kelvin descobriu que o que se anulava não era o volume dos gases, mas sim a energia cinética das moléculas que o compunham. Esse resultado o motivou a criar a **escala absoluta de temperatura**, estipulando que a temperatura de –273 °C seria o zero de sua escala, quando, teoricamente, cessa o movimento das moléculas de qualquer gás. A escala de Lord Kelvin é conhecida até hoje como *escala Kelvin*.

A ciência física

Crédito: André Müller

William Thomson (Lord Kelvin) nasceu em 1824, na Irlanda, e morreu em 1907, em Largs, no Reino Unido. Em razão de sua precocidade intelectual, ingressou na Universidade de Glasgow aos 10 anos de idade. Além da criação da escala absoluta, em 1851, Kelvin publicou um trabalho intitulado *Sobre a teoria dinâmica do calor*, no qual apresentou uma nova versão para a segunda lei da termodinâmica.

Em 1850, **Rudolf Clausius** (1822–1888) publicou o trabalho *Sobre a força motriz do calor*, em que forneceu uma nova versão para a segunda lei da termodinâmica, afirmando que "a soma algébrica de todas as transformações ocorrendo num processo circular somente pode ser positiva" (Rosa, 2012d, p. 164). Em outro trabalho, publicado em 1866, Clausius introduziu também o conceito de *entropia*, entendida por ele como a "disponibilidade de calor de um sistema". No seu entendimento, a entropia do universo tende a um máximo, uma vez que determinados processos físicos são irreversíveis, fazendo com que a desordem do universo sempre aumente.

Crédito: André Müller

Rudolf Clausius nasceu em 1822, na Polônia, onde morreu em 1888. Escreveu sua tese de doutorado sobre a reflexão e a refração da luz, fornecendo uma explicação para o tom azulado do céu. Fez contribuições significativas para a elaboração da teoria cinética dos gases, introduzindo movimentos de translação, rotação e vibração das moléculas. A ideia de percurso livre médio de uma partícula foi outra contribuição de Clausius.

Em 1867, **James Clerk Maxwell** (1831–1879) publicou o trabalho *Sobre a teoria dinâmica dos gases*, no qual, valendo-se do método dos mínimos quadrados de **Carl Friedrich Gauss** (1777–1855), mostrou que o melhor indicador do estado de agitação interna de um gás seria obtido a partir da velocidade média de suas moléculas.

Já em 1870, o físico austríaco **Ludwig Boltzmann** (1844–1906) explicou a segunda lei da termodinâmica pela aplicação das leis da mecânica e da teoria da probabilidade ao movimento dos átomos. De acordo com a teoria de Boltzmann, um sistema chega ao estado de equilíbrio por ser este o mais provável para ocorrer na natureza. Em 1877, Boltzmann sugeriu que os estados de energia de um sistema físico deveriam ser discretos. Mais tarde, **Max Planck** (1858–1947), baseando-se nos resultados de Boltzmann, iniciou os estudos da teoria quântica.

1.2.1.3
Óptica e ondulatória

O estudo da óptica remonta à Grécia antiga. Para **Pitágoras** [ca. 570 a.C.–495 a.C.], a visão era proveniente de algo emitido pelo olho humano. Já **Empédocles** [ca. 492 a.C.–432 a.C.] acreditava que os objetos emitiam algo que interagia com os raios que os olhos emanavam. **Euclides** [ca. 320 a.C.–270 a.C.], adepto da teoria de Pitágoras, demonstrou a **lei da reflexão** e postulou que a luz se propagava em linha reta. **Heron de Alexandria** (10–70), por sua vez, propôs que a luz se propagava pelo caminho mais curto.

Podemos ainda citar as contribuições dos chineses, que utilizavam espelhos côncavos para produzir fogo, e dos árabes, que introduziram o conceito de *raio de luz*. No entanto, foi no início do século XVII que se verificou o maior número de contribuições e esforços, cujos objetivos eram entender a natureza da luz e a forma como ela se propagava.

Em 1608, **Hans Lippershey** (1570–1619), um fabricante de óculos, patenteou o projeto de um telescópio refrativo. Galileu, tomando conhecimento dessa patente, melhorou o aparelho e conseguiu observar as luas de Júpiter e os anéis de Saturno. Logo em seguida, por volta de 1609, **Zacharias Janssen** [ca. 1588–1632] desenvolveu o microscópio.

A utilização desses instrumentos levou os cientistas da época a teorizarem sobre os fenômenos observados. **Johannes Kepler**, em seu livro *Dioptrice* (em português, "Dióptrica"), publicado em 1611, discutiu a refração da luz para pequenos ângulos, concluindo que existe uma proporcionalidade entre o ângulo de incidência de um feixe de luz e o ângulo de refração. Nessa mesma obra, Kepler introduziu o conceito de *reflexão total interna da luz*.

Em seguida, em 1621, vieram os trabalhos do holandês **Willebrord Snell** (1580–1626) e de **René Descartes**, ambos mostrando que o

A ciência física

índice de refração do meio em que a luz incide, multiplicado pelo ângulo de incidência, é igual ao índice de refração do meio em que a luz refrata, multiplicado pelo ângulo de refração. Esse estudo ficou conhecido como *lei de Snell-Descartes*.

Crédito: André Müller

Willebrord Snell nasceu em 1580, na Holanda, onde morreu em 1626. Excelente matemático e astrônomo, por meio da trigonometria, determinou o raio da Terra, além de ter desenvolvido um método para aumentar a precisão do cálculo do número π.

A lei de Snell-Descartes

O índice de refração de um meio é definido como o quociente entre a velocidade de propagação da luz no vácuo e sua velocidade de propagação no meio em questão. Se a velocidade da luz no meio 1 é maior do que a velocidade no meio 2, diz-se que o meio 2 é mais refringente que o meio 1. Nesse caso, o ângulo de refração será menor do que o ângulo de incidência. Mas, se a velocidade da luz no meio 1 for menor que a velocidade no meio 2, diz-se que o meio 1 é mais refringente que o meio 2, e o ângulo de incidência será menor que o ângulo de refração.

As experiências de Snell e Descartes mostraram que o índice de refração do meio em que a luz incide (meio 1), multiplicado pelo seno do ângulo de incidência, é igual ao índice de refração do meio em que a luz refrata (meio 2), multiplicado pelo seno do ângulo de refração. Essa é a lei de Snell-Descartes, demonstrada na Figura 1.5.

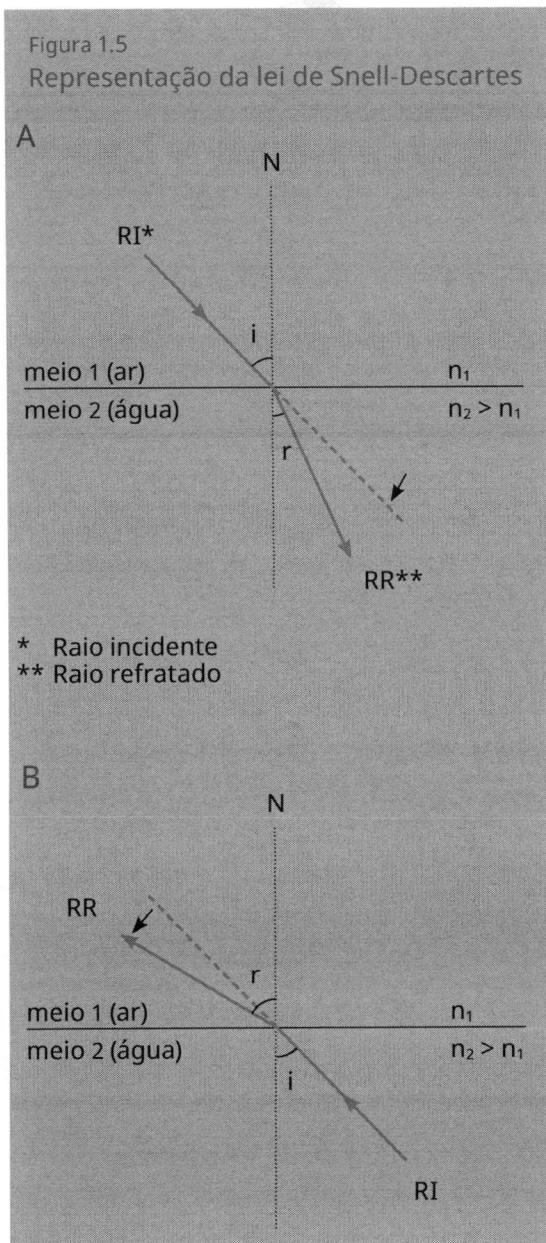

Figura 1.5
Representação da lei de Snell-Descartes

* Raio incidente
** Raio refratado

Figura A – Um raio de luz que incide de um meio menos refringente (meio 1 – ar) para um mais refringente (meio 2 – água) sofre um desvio, aproximando-se da reta normal N.

Figura B – Um raio de luz incide de um meio mais refringente (água) para um menos refringente (ar). O raio sofre um desvio que se afasta da reta normal N.

Em 1657, **Pierre Fermat** (1601–1665) deduziu a lei de Snell-Descartes, introduzindo o princípio do tempo mínimo de propagação da luz, para o qual a luz se desloca de um ponto A até um ponto B pelo caminho que minimiza o tempo. Caso o meio de propagação não fosse homogêneo, a trajetória da luz não seria, necessariamente, uma linha reta.

Na segunda metade do século XVII, o padre jesuíta italiano **Francesco Maria Grimaldi** (1618–1663) observou bandas de difração na sombra de um objeto projetado em um anteparo, assim concluindo que a luz apresentava comportamento vibratório. Mais tarde, esse fenômeno foi estudado por **Robert Hooke** (1635–1703), que, após repetir os experimentos de Grimaldi, concluiu que o deslocamento da

A ciência física

luz era produzido por ondas perpendiculares à direção de sua propagação. Ou seja, para esse cientista, a luz era uma onda.

Outro cientista favorável à teoria ondulatória da luz foi **Christiaan Huygens** (1629–1695), que publicou um trabalho intitulado *Tratado sobre a luz*, no qual defendeu a hipótese de que a luz era uma onda que se propagava no éter – uma hipotética substância cuja existência foi postulada pela grande maioria dos cientistas até o início do século XX. No entanto, diferentemente de Hooke, Huygens acreditava que a luz se propagava pelo éter assim como o som se propagava pelo ar, ou seja, como uma onda longitudinal. Considerando essa hipótese, Huygens conseguiu demonstrar que a luz se propagava em linha reta em um meio homogêneo, além de explicar satisfatoriamente os fenômenos da refração e da reflexão da luz.

Crédito: André Müller

Christiaan Huygens nasceu em 1629, nos Países Baixos, e morreu em 1695, no mesmo local. Além de defender a teoria ondulatória da luz, posicionando-se contrário à teoria corpuscular de Newton, suas contribuições na astronomia permitiram identificar os anéis de Saturno e sua maior lua, Titã.

Hooke e Huygens enfrentaram bastante resistência para disseminar a teoria ondulatória da luz. Um dos maiores motivos era que, concorrendo com a teoria ondulatória, estava a teoria corpuscular defendida pelo renomado Isaac Newton.

Contrário à ideia de que a luz era uma onda, Newton, utilizando prismas, desenvolveu experiências sobre a dispersão da luz. Com isso, o inglês concluiu que a luz branca era composta por várias cores, sendo cada uma delas decorrente de um tipo específico de partícula. Ou seja, para ele, a luz era formada por partículas (ou corpúsculos).

Valendo-se de sua teoria corpuscular, Newton também explicou habilmente os fenômenos de reflexão e refração da luz. No entanto, não foi feliz ao afirmar que a velocidade da luz era maior em um meio mais denso do que em um meio menos denso, uma vez que hoje se sabe que isso não é verdade.

A disputa entre a teoria ondulatória de Huygens e Hooke e a teoria corpuscular de Newton durou até o início do século XIX, quando **Thomas Young** (1773–1829), em 1801, desenvolveu uma belíssima experiência que acabou por colocar a comunidade científica a favor da teoria ondulatória. Conhecida como *experiência da dupla fenda*, ela permitiu ao cientista demonstrar que a luz apresentava comportamento de interferência e difração, fenômenos característicos de uma onda, como ilustrado na Figura 1.6.

Figura 1.6
Experiência da dupla fenda de Young

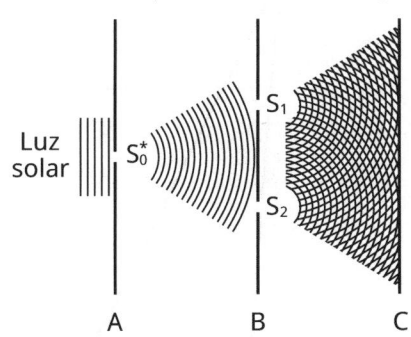

* S = comprimento da fenda.

De acordo com essa experiência, a luz solar passa por um orifício (A) e, em seguida, difrata, passando por duas fendas (B) e produzindo padrões de interferência em um anteparo (C). Esses padrões mostram regiões claras e escuras, correspondendo aos locais onde as ondas interferiram construtiva e destrutivamente, respectivamente.

Thomas Young nasceu em 1773, na Inglaterra, onde morreu em 1829. Seus trabalhos em óptica permitiram reafirmar a teoria ondulatória de Christiaan Huygens, ao mesmo tempo que desbancaram a teoria corpuscular de um dos maiores cientistas de todos os tempos: Isaac Newton. Young também dedicou boa parte de sua vida à medicina.

A ciência física

A experiência de Young mostrou de forma qualitativa que a luz poderia ser uma onda. Porém, coube a **Augustin Fresnel** (1788–1827) o estudo matemático que "comprovaria" a teoria ondulatória. O físico francês também realizou medições do comprimento de onda da luz e, diante do fenômeno da polarização, aceitou ser a luz uma onda que se propagava transversalmente pelo éter.

Por volta de 1825, a teoria ondulatória da luz estava bastante disseminada e era a mais aceita pela comunidade científica. Alguns cientistas dessa época passaram, então, a realizar experimentos para determinar com maior precisão a velocidade da luz. Em 1849, **Armand Hyppolyte Louis Fizeau** (1819–1896) desenvolveu um equipamento, cognominado de *roda dentada de Fizeau*, capaz de medir com grande precisão a velocidade da luz.

Mais tarde, em 1850, **Jean Bernard Léon Foucault** (1819–1868) melhorou o experimento de Fizeau e conseguiu maior precisão na medida da velocidade da luz. Além disso, Foucault conseguiu mostrar que a velocidade da luz na água era menor do que no ar, acabando com qualquer pretensão dos cientistas que ainda tinham esperança de ressuscitar a teoria corpuscular de Newton (que previa o contrário).

Em seguida, vieram os trabalhos de **Michael Faraday** (1791–1867) e **James Clerk Maxwell** no campo do eletromagnetismo, os quais, como veremos mais adiante, permitiram explicar teoricamente que a luz era uma onda e que seria possível produzir ondas eletromagnéticas em laboratório.

1.2.1.4
Eletromagnetismo

O fenômeno da eletrização por atrito já era conhecido na Grécia antiga. Naquela época, sabia-se que o atrito entre o âmbar (*elektron*, em grego) e a pele de animais atraía partículas leves. Em relação aos fenômenos magnéticos, conheciam-se as propriedades de um minério chamado *magnetita*, originário da região da Magnésia, que tinha a capacidade de atrair pequenos fragmentos de ferro. No entanto, somente no século XVII os estudos da eletricidade e do magnetismo se tornaram intensos.

William Gilbert (1544–1603) publicou, em 1600, um trabalho intitulado *De Magnete, Magneticisque Corporibus, et de Magno Magnete Tellure* (Sobre os ímãs, os corpos magnéticos e o grande ímã terrestre), evidenciando que a Terra funcionava como um grande ímã, motivo pelo qual as bússolas apontavam para o Norte.

No campo da eletricidade, **Charles Du Fay** (1698–1739) estudou a repulsão e a atração de corpos eletricamente carregados, enunciando a lei que conhecemos hoje como *lei de Du Fay*. Conforme ela, corpos carregados eletricamente com cargas de mesmo sinal se repelem e corpos carregados com cargas de sinais contrários se atraem.

Benjamin Franklin (1706–1790), sem conhecer ainda os trabalhos de Du Fay, criou uma teoria segundo a qual os fenômenos elétricos ocorriam em razão da existência de dois fluidos elétricos, o vítreo e o resinoso, que poderiam ser transferidos de um corpo para outro (hoje sabemos que esses fluidos não existem). O pensamento de Franklin levou-o a enunciar o princípio da conservação das cargas elétricas, que afirmava não haver criação nem destruição de cargas elétricas, mas somente transferência de fluido elétrico de um corpo para outro.

Crédito: André Müller

William Gilbert nasceu em 1544, na cidade de Colchester, Inglaterra, e morreu em 1603, em Londres. Desenvolveu estudos sobre a eletricidade estática e o magnetismo, atribuindo-se a ele o emprego pela primeira vez dos termos *força elétrica*, *atração elétrica* e *polo magnético*. Além disso, foi Gilbert quem levou a teoria copernicana para a Inglaterra.

A ciência física

Benjamin Franklin nasceu em 1706, nos Estados Unidos, e morreu em 1790, no mesmo país. Além de fornecer contribuições significativas na área da eletricidade, foi um dos líderes da Revolução Americana. De acordo com a teoria de Franklin, os corpos, naturalmente, teriam quantidades iguais de dois fluidos elétricos, o vítreo e o resinoso, sendo eletricamente neutros. Para estarem carregados, ou os corpos apresentavam excesso de fluido vítreo ou, então, excesso de fluido resinoso. Se um corpo estivesse carregado com excesso de fluido vítreo, poderia receber uma quantidade de fluido resinoso que o neutralizasse eletricamente. Tudo acontecia como se as quantidades dos fluidos se somassem algebricamente. Assim, Franklin chamou o fluido vítreo de *positivo* e o resinoso de *negativo*.

Franklin também percebeu que o excesso de fluido elétrico que um corpo oco continha se distribuía sobre a sua superfície e o seu interior permanecia eletricamente neutro. Outra contribuição importante da teoria de Franklin é a de que os fluidos elétricos procuram escapar sempre pelas pontas dos corpos, ficando o corpo com uma maior densidade superficial de cargas nessas regiões. Essa constatação motivou a invenção do para-raios, artefato elétrico utilizado até hoje.

No início do século XIX, o italiano **Alessandro Volta** (1745–1827) construiu um dispositivo capaz de produzir energia elétrica: a pilha de Volta. Para esse empreendimento, Volta utilizou uma placa de cobre e outra de zinco, ambas imersas em ácido sulfúrico, e, com o resultado, observou que as cargas elétricas negativas fluíam do zinco em direção ao cobre (princípio utilizado nos dias atuais na construção de pilhas e baterias).

Os trabalhos de Du Fay, Franklin e Volta descreviam somente de modo qualitativo a interação elétrica entre os corpos carregados. Coube ao francês **Charles Augustin de**

Crédito: André Müller

Coulomb (1736–1806) realizar experiências fundamentais com uma balança de torção e determinar quantitativamente a força de interação entre esses corpos, conforme ilustrado na Figura 1.7.

Figura 1.7
Balança de torção utilizada por Coulomb

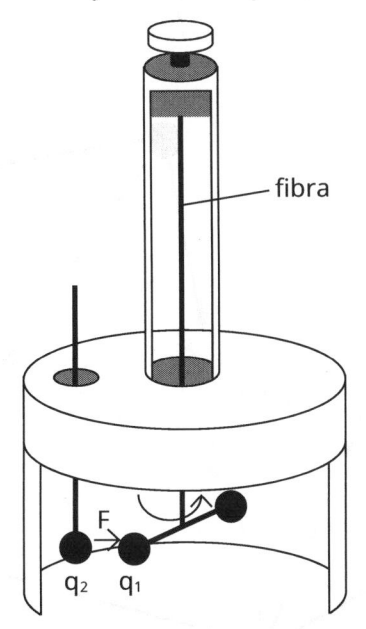

Uma balança de torção é formada por duas esferas metálicas ligadas por uma haste isolante suspensa por outra haste de fibra, que, por sua vez, está ligada a uma escala graduada. Quando uma das esferas carregada eletricamente é aproximada de uma terceira esfera também carregada, é possível medir a força de interação entre elas.

Charles Augustin de Coulomb nasceu em 1736, na França, e morreu em 1806, no mesmo país. Foi responsável pela formulação da **lei de Coulomb**, publicada em 1783, segundo a qual a força de interação entre duas partículas eletricamente carregadas é diretamente proporcional ao produto entre as duas cargas e inversamente proporcional ao quadrado da distância que as separa. Para chegar a esse resultado, Coulomb realizou um experimento minucioso utilizando uma balança de torção, como apresentado na Figura 1.7.

A ciência física

Até esse momento da história, os fenômenos elétricos eram estudados separadamente dos magnéticos. Foi o dinamarquês **Hans Christian Ørsted** (1777–1851) que, quase acidentalmente, realizou experimentos com cargas elétricas em movimento e descobriu que uma corrente elétrica provocava deflexões na agulha de uma bússola. Para a comunidade científica da época, ficou clara a relação entre a eletricidade e o magnetismo, sendo atribuída a esse acontecimento a fundação de um dos mais importantes ramos da física: o **eletromagnetismo**.

Na sequência dos experimentos de Ørsted, vieram os trabalhos de **André-Marie Ampère** (1775–1836), os quais demonstraram que dois condutores elétricos dispostos paralelamente se atraem quando percorridos por correntes elétricas de mesmo sentido e se repelem quando percorridos por correntes de sentidos opostos.

Crédito: André Müller

Hans Christian Ørsted nasceu em 1777, na Dinamarca, e morreu em 1851, nesse mesmo país. Em 1820, desenvolveu uma experiência que surpreendeu a ele próprio: a agulha de uma bússola sofria deflexões para o Norte quando ele ligava e desligava um fio conectado aos polos de uma bateria. Esse fenômeno confirmou a existência de uma relação entre a eletricidade e o magnetismo, desencadeando um esforço intenso da comunidade científica para a produção de trabalhos nessa área.

Crédito: André Müller

André-Marie Ampère nasceu em 1775 em Lyon, na França, e morreu em 1836, no mesmo país. Tomando como base a experiência de Ørsted sobre o efeito magnético produzido por uma corrente elétrica, mostrou a existência de atração ou repulsão entre dois fios paralelos percorridos por correntes elétricas de sentidos iguais ou contrários. Além disso, elaborou uma teoria que possibilitou a construção de diversos aparelhos elétricos, como o galvanômetro, o telégrafo e o eletroímã. Como forma de retribuir as suas imensas contribuições, foi estabelecido que a unidade de intensidade de corrente elétrica no SI é o ampère, simbolizado pela letra *A*.

Em 1820, os franceses **Jean-Baptiste Biot** (1774–1862) e **Félix Savart** (1791–1841) também anunciaram os resultados das medições de força sobre um polo magnético colocado nas vizinhanças de um fio condutor comprido percorrido por uma corrente elétrica. De acordo com essas medições, se a partir do polo magnético de um ímã for traçada uma perpendicular ao fio, a força sobre o polo será perpendicular a essa linha e ao fio e terá intensidade proporcional ao inverso da distância.

Note que as descobertas de Ørsted, Ampère, Biot e Savart revelaram um novo tipo de força que não atuava na linha que une os objetos físicos envolvidos, tal como, até então, se conheciam as forças gravitacional e elétrica. Foi com base em tais resultados que **Pierre Simon Laplace** (1749–1827) deduziu a chamada *lei de Biot-Savart*, que fornece a expressão geral do campo magnético criado pela passagem de uma corrente por um elemento (pequeno segmento) de fio.

Ainda na esteira do experimento de Ørsted, vieram os trabalhos de **Michael Faraday**, outro expoente na área do eletromagnetismo. O físico demonstrou que existia uma relação de reciprocidade na descoberta de Ørsted: da mesma forma que cargas elétricas em movimento (corrente elétrica) induziam campos magnéticos, campos

A ciência física

magnéticos oscilantes (ímãs oscilando, por exemplo) induziam correntes elétricas em condutores que estivessem nas proximidades. Esse é o princípio que permite hoje a geração de energia pelas usinas hidrelétricas.

Em 1835, **Carl Friedrich Gauss** formulou a lei que conhecemos hoje como *lei de Gauss* para a eletricidade, que estabelece uma relação entre o fluxo de campo elétrico que atravessa uma superfície e a carga líquida em seu interior. Embora os resultados obtidos pela lei de Gauss pudessem ser obtidos também pela lei de Coulomb, aquela apresentava extrema facilidade para o cálculo do campo elétrico de sistemas em que as distribuições de cargas eram simétricas.

Crédito: André Müller

Michael Faraday nasceu em 1791, na Inglaterra, e morreu em 1867, no Reino Unido. Por ter uma habilidade extraordinária para a realização de experiências, é tido por muitos como um dos mais influentes cientistas de todos os tempos. Publicou em 1821 um trabalho intitulado *Rotação eletromagnética*, no qual explorou os princípios elétricos do funcionamento dos motores elétricos. Seus estudos sobre os campos elétricos e magnéticos permitiram a James Clerk Maxwell, mais tarde, desenvolver a teoria eletromagnética. Faraday realizou também uma série de experiências com descargas elétricas em gases rarefeitos, sendo creditada a ele a descoberta dos raios catódicos.

Carl Friedrich Gauss nasceu em 1777, na Alemanha, e morreu em 1855, nesse mesmo país. Além de propor uma forma mais fácil de calcular o campo elétrico de distribuições simétricas de cargas, realizou contribuições significativas no estudo da teoria dos números, estatística, geometria, geofísica, astronomia e óptica.

Em 1864, **James Clerk Maxwell** formulou suas equações como sendo as leis dinâmicas do eletromagnetismo. Para ele, boa parte de seus trabalhos constituem uma tradução do que considerava ser as ideias de Faraday. Mas o ponto é que ele conseguiu condensar todos os resultados experimentais e teóricos do eletromagnetismo obtidos por Coulomb, Gauss, Biot, Savart, Faraday, Lenz, entre outros, em quatro equações, também conhecidas como: *lei de Gauss para a eletricidade*, *lei de Gauss para o magnetismo*, *lei da indução de Faraday* e *lei de Ampère-Maxwell*.

James Clerk Maxwell nasceu em 1831, em Edimburgo, Escócia, e morreu em 1879, em Cambridge, Inglaterra. Ao unificar a eletricidade e o magnetismo em uma só teoria, Maxwell demonstrou que os campos elétricos e magnéticos se propagavam com a velocidade da luz. Além disso, sua teoria previa que era possível criar ondas eletromagnéticas em laboratório. Para muitos, a teoria de Maxwell está para o eletromagnetismo assim como a teoria da gravitação universal de Newton está para a mecânica.

A ciência física

A primeira e mais importante consequência da unificação da eletricidade com o magnetismo foi que, de acordo com as equações de Maxwell, os campos elétrico e magnético satisfaziam a uma equação análoga à equação de **Jean Le Rond D'Alembert** (1717–1783) para ondas elásticas. Com base nessa equação, Maxwell demonstrou que a velocidade das ondas eletromagnéticas – desconhecidas até então – coincidia com a velocidade da luz, a qual já era conhecida na época. Isso lhe sugeriu que a luz tinha natureza eletromagnética.

A segunda consequência da teoria de Maxwell foi a possibilidade de se criarem ondas eletromagnéticas em laboratório. Em 1880, a Academia de Ciência de Berlim ofereceu um prêmio a quem conseguisse produzir as ondas previstas por Maxwell por meio de artifícios elétricos, o que poderia ser uma prova de sua teoria. O alemão **Heinrich Rudolf Hertz** (1857–1894) obteve essa prova, utilizando-se de um circuito oscilante de pequenas dimensões que conseguia produzir ondas de comprimento de aproximadamente 0,3 m. Essas ondas são conhecidas hoje como *ondas de rádio*.

A confirmação da teoria de Maxwell foi tão marcante que, no fim do século XIX, acreditava-se que nada mais poderia ser adicionado ao conhecimento da natureza da luz. No entanto, sabemos que não foi esse o caso, pois nessa mesma época nasciam duas grandes teorias que reformulariam grande parte do conhecimento construído pela humanidade: a teoria quântica e a teoria da relatividade, as quais formam um ramo da física conhecido hoje como *física moderna*.

1.2.1.5
Física moderna

O sucesso da mecânica clássica para resolver problemas com corpos macroscópicos, a termodinâmica e a teoria cinética dos gases com resultados bem estabelecidos e o coroamento da teoria de Maxwell para explicar os fenômenos ópticos e elétricos fizeram com que muitos cientistas do fim do século XIX acreditassem que pouca coisa ainda poderia ser descoberta no campo da física. Um deles foi **Lord Kelvin**, que afirmou nada mais haver para se descobrir na física. Apenas seria necessário que os cientistas aprendessem a realizar medidas mais precisas.

Porém, Kelvin admitia que havia ainda duas questões, julgadas pequenas por ele, que precisavam ser explicadas: o problema da radiação de corpo negro, também conhecido como *catástrofe do ultravioleta*, e a falta de explicações para a falha do experimento de Michelson-Morley, que objetivava medir a velocidade da Terra em relação ao hipotético éter. Mal sabia ele que esses dois "pequenos" problemas conduziriam a comunidade científica a desenvolver duas grandes teorias: a **mecânica quântica** e a **teoria da relatividade**.

A catástrofe do ultravioleta

Em física, um corpo hipotético é chamado de *corpo negro* quando absorve toda a radiação eletromagnética que incide sobre ele. Logo, essa radiação não o atravessa nem é refletida por ele. Assim, como não reflete luz, o corpo negro não pode ser visto. **Gustav Kirchhoff** (1824–1887) mostrou que, à temperatura constante, um corpo negro emite radiação na mesma taxa que a absorve, sendo possível determinar a sua temperatura. No entanto, a teoria clássica do eletromagnetismo não deu conta de explicar satisfatoriamente a emissão de radiação por um corpo negro na faixa do ultravioleta, sendo esse problema conhecido como *catástrofe do ultravioleta*. A questão somente foi resolvida quando o alemão **Max Planck** encontrou uma equação matemática que conseguia explicar a emissão de radiação na faixa do ultravioleta. Para isso, Planck teve de lançar mão da ideia de que a energia era quantizada, ou seja, emitida na forma de pacotes de ondas (ideia que parecia, para o próprio Planck, sem lógica).

O experimento de Michelson-Morley

Albert Michelson (1852–1931) e **Edward Morley** (1838–1923) realizaram, em 1887, uma das mais importantes experiências da física. O objetivo dos físicos norte-americanos era detectar a velocidade com que a Terra se deslocava em relação ao éter (substância hipotética postulada pela maioria dos físicos da época como necessária para a propagação das ondas eletromagnéticas). O fracasso desse experimento abriu a possibilidade de se negar a existência do éter. Os físicos iniciaram, então, uma série de estudos que culminou na teoria da relatividade restrita de Albert Einstein, para a qual a existência ou não do éter era indiferente.

Em 1895, o alemão **Wilhelm Conrad Röentgen** (1845–1923) realizou experiências que resultaram em radiação eletromagnética de comprimentos de ondas equivalentes ao que conhecemos hoje como *raios X*. No ano seguinte, em 1896, o físico francês **Antoine Henri Becquerel** (1852–1908) envolveu filmes fotográficos com papel preto e os colocou em uma gaveta vedada contra a incidência de luz, na qual havia sal de urânio. Passados alguns dias, Becquerel abriu a gaveta e constatou que os filmes estavam manchados. Logo concluiu que as manchas advinham de um tipo de radiação proveniente do urânio, descoberta que lhe rendeu o Prêmio Nobel em 1903.

Também no fim do século XIX, mais precisamente em 1897, o britânico **Joseph John Thomson** (1856–1940) realizou experiências com um tubo de raios catódicos, anteriormente utilizado por Faraday, e acabou descobrindo a existência do elétron.

A ciência física

Figura 1.8
Modelo de átomo "pudim de passas"

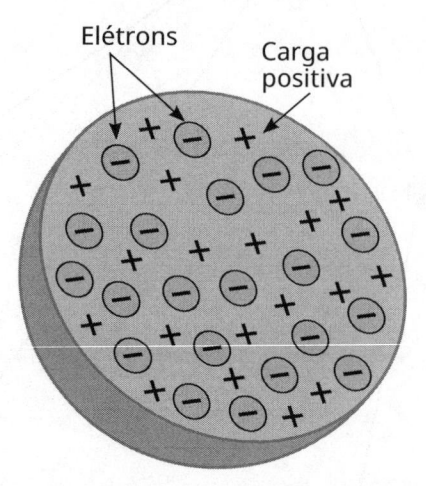

Joseph John Thomson, também conhecido como J. J. Thomson, nasceu em 1856, na Inglaterra, e morreu em 1940, nesse mesmo país. Suas experiências contribuíram substancialmente para o início do entendimento da estrutura do átomo. Ele construiu um modelo de átomo apelidado de "pudim de passas", porque o átomo era entendido como uma esfera maciça de carga positiva em cujo interior havia elétrons espalhados. O "pudim de passas" pode ser observado na Figura 1.8.

Em 1898, a professora polonesa **Marie Curie** (1867-1934) – nome adotado após o casamento com **Pierre Curie** (1859-1906) –, tendo a colaboração de seu marido para desenvolver sua tese de doutorado, cunhou o termo *radioatividade* para designar as estranhas emissões provenientes dos compostos de urânio observados dois anos antes por Becquerel. Os trabalhos do casal Curie os levaram a concluir que alguns elementos emitem espontaneamente radiação, enquanto outros não. Ou seja, alguns elementos eram mais radioativos que outros.

1.2.1.5.1
A teoria da relatividade

Em 1905, o físico alemão **Albert Einstein**, apoiado em resultados do matemático francês **Henri Poincaré** (1854–1912) e do físico holandês **Hendrik Antoon Lorentz** (1853–1928), propôs a **teoria da relatividade restrita** (ou relatividade especial). De acordo com essa teoria, as leis da Física são as mesmas para qualquer sistema de referência inercial – primeiro postulado da teoria da relatividade, salvo a falta de rigor decorrente do nível de explanação aqui proposto. Além disso, Einstein postulou a invariância da velocidade da luz, ou seja, a luz viaja com velocidade constante e igual a 299 792 458 m/s, qualquer que seja o referencial inercial adotado – segundo postulado da teoria da relatividade.

Crédito: André Müller

Albert Einstein nasceu em 1879, na Alemanha, e morreu em 1955, aos 76 anos, nos Estados Unidos. Cientista de maior renome mundial, publicou mais de 300 trabalhos científicos. Após ter se formado, Einstein não conseguiu imediatamente atuar como professor, tendo de trabalhar em um escritório de patentes. Em 1905, publicou quatro trabalhos que são considerados revolucionários (razão por que esse ano é conhecido como *ano miraculoso*): 1) o efeito fotoelétrico; 2) o movimento browniano; 3) a teoria da relatividade restrita; e 4) a equivalência entre massa e energia. Em 1908, o estudioso foi nomeado professor na Universidade de Berna e, em 1921, recebeu o Prêmio Nobel de Física pela explicação do efeito fotoelétrico. Einstein naturalizou-se americano em 1940, tendo alertado o presidente Roosevelt sobre a possibilidade de a Alemanha construir uma arma atômica durante o período da Segunda Guerra Mundial.

A ciência física

A teoria de Einstein trouxe resultados que fogem ao senso comum. Um deles é que, viajando a velocidades próximas à da luz, observa-se uma contração do espaço e uma dilatação do tempo. Essa proposição já havia sido sugerida pelo irlandês **George Francis FitzGerald** (1851–1901) e pelo holandês Lorentz. No entanto, a interpretação dada ao fenômeno por esses dois cientistas era a de que haveria uma contração na estrutura da matéria do objeto que estava sendo medido, decorrente de suas interações com o éter. Já para Einstein, a existência do éter era indiferente e a contração não se dava na estrutura do objeto.

Em linhas gerais, a partir daquele momento, espaço e tempo deixaram de ser absolutos, como ocorria na concepção de Galileu e Newton. Com a teoria da relatividade, a grandeza física que passou a ter o *status* de *absoluta* foi a velocidade da luz, que, como já mencionado, teria o mesmo valor, qualquer que fosse o referencial inercial adotado.

Em 1915, Einstein propôs a **teoria da relatividade geral**, considerando todas as ideias discutidas na relatividade restrita, mas estendendo a relatividade do movimento para sistemas que incluíam campos gravitacionais. A partir de então, a matéria passou a ser vista como um estado de energia capaz de provocar deformações no espaço e no tempo que estavam em seu entorno. Dito de outra forma, a gravitação passou a ser vista como um efeito da geometria do espaço-tempo.

Dois anos depois, em 1917, Einstein utilizou sua teoria para tentar entender o funcionamento do universo como um todo, fundando um novo campo de estudo conhecido hoje como *cosmologia relativística*. Para Einstein, o universo era estático, fechado, limitado espacialmente e, portanto, finito.

A proposição de Einstein gerou a reação imediata de alguns cientistas, como do holandês **Willem de Sitter** (1872–1934), do russo **Alexander Friedmann** (1888–1925) e do belga Georges Lemaîtres. Todos eles apresentaram um modelo alternativo ao de Einstein, em que o universo estava em expansão. Destaca-se aqui a ideia de Lemaître, que formulou a teoria do *Big Bang* (grande explosão), na qual admitia a existência de um átomo primordial, muito pequeno, quente e denso, cuja explosão teria gerado tudo o que se conhece hoje no universo (e o que não se conhece também). É válido ressaltar que, para os físicos, não faz sentido falar sobre o que havia antes da explosão, visto que as teorias criadas até o momento não têm alcance para isso.

Em 1946, George Gamow ampliou os estudos realizados por Lemaître e postulou a exitência de uma radiação cósmica de fundo, que viria a ser detectada "acidentalmente" em 1965 por Penzias e Wilson.

A teoria da relatividade de Einstein serviu de base para que o físico inglês **Stephen William Hawking** (1942–) defendesse a existência de buracos negros (estruturas de densidades que tendem ao infinito onde nem mesmo a luz consegue escapar de seu campo gravitacional). No entanto, em entrevista fornecida para a revista *Nature* (Merali, 2014), no início de 2014, Hawking afirmou que o fenômeno dos buracos negros poderia não existir, mostrando que há muita coisa ainda para ser desvendada pela humanidade no campo da física.

1.2.1.5.2
A mecânica quântica

A mecânica quântica estuda os eventos que ocorrem em níveis atômicos e subatômicos. Basicamente, teve início em 1900, quando **Max Planck**, tomando como base os resultados das experiências de Faraday com raios catódicos, o estudo de corpo negro iniciado por Kirchhoff, a experiência da dupla fenda de Young e a sugestão de Boltzmann de que os estados de energia de um sistema físico poderiam ser discretos, encontrou o cenário ideal para desenvolver a sua hipótese quântica.

Como já mencionado anteriormente, um dos grandes problemas da época estava relacionado à emissão de radiação de corpo negro, que apresentava uma incoerência na irradiação de ondas eletromagnéticas na faixa do ultravioleta. Para solucionar o problema, Planck, em uma proposta que ele mesmo considerou desesperadora, sugeriu que a energia irradiada por um corpo negro deveria ser um múltiplo inteiro de hf, em que "h" ficou conhecido como a *constante de Planck*, e "f", a *frequência da radiação emitida*. Essa tentativa, julgada por Planck e por outros cientistas da época apenas como um artifício matemático para resolver o problema, serviu de base para o desenvolvimento de toda a teoria quântica.

Crédito: André Müller

Max Karl Ernst Ludwig Planck nasceu em 1858, na Alemanha, e morreu em 1949, aos 89 anos, nesse mesmo país. É considerado por muitos um dos maiores físicos de século XX e o pai da mecânica quântica. Em 1918, em decorrência das valiosas contribuições no campo da física quântica, Planck recebeu o Prêmio Nobel de Física.

A ciência física

Em 1905, Einstein utilizou a ideia de Planck para explicar o efeito fotoelétrico, fomentando a discussão sobre a provável dualidade onda-partícula da luz.

Alguns anos depois, em 1924, **Louis de Broglie** (1892–1987) propôs a mecânica ondulatória, apresentando a hipótese de que os elétrons também tinham comportamento ondulatório, ideia confirmada três anos depois pelos americanos **Clinton Davisson** (1881–1958) e **Lester Germer** (1896–1971), responsáveis por um experimento que permitiu demonstrar a difração de elétrons por meio de cristais. Quando foi comprovada a sua hipótese sobre a dualidade onda-partícula dos elétrons, De Broglie recebeu o Prêmio Nobel de Física, em 1929.

Em 1925, **Werner Heisenberg** (1901–1976) propôs uma nova forma de estudar a mecânica quântica, desenvolvendo a mecânica matricial. Sua principal hipótese foi a de que, em nível quântico, o conceito de *movimento* utilizado na mecânica clássica não era o mais adequado. Heisenberg mostrou que o movimento do elétron em torno do núcleo de um átomo era incerto, sendo impossível determinar simultaneamente a sua posição e a sua velocidade. De maneira mais simples, se determinássemos a provável posição de um elétron, não saberíamos a sua velocidade ou, se determinássemos a sua velocidade, não saberíamos dizer a sua posição. Essa ideia ficou conhecida como *princípio da incerteza de Heisenberg*.

Crédito: André Müller

Werner Heisenberg nasceu em 1901, na Alemanha, e morreu em 1976, no mesmo país. Foi assistente de **Max Born** (1882–1970) e trabalhou com **Niels Bohr** (1885–1962). Na área da teoria quântica, desenvolveu a mecânica matricial e o princípio da incerteza, conhecido hoje como *princípio da incerteza de Heisenberg*. Pelas sua contribuições nessa área, recebeu, em 1932, o Prêmio Nobel de Física. Durante a Segunda Guerra Mundial, Heisenberg foi um dos líderes do programa alemão para a construção da bomba atômica, o que levou Niels Bohr a romper os laços de amizade existentes entre eles.

Em 1926, o físico austríaco **Erwin Rudolf Josef Alexander Schrödinger** (1887–1961) publicou uma equação diferencial parcial, conhecida hoje como *Equação de Schorödinger*, que permitiu descrever a evolução temporal de um estado quântico. Essa equação está para a mecânica quântica na mesma medida que a equação da segunda lei de Newton está para a mecânica clássica.

Crédito: André Müller

Erwin Rudolf Josef Alexander Schrödinger nasceu em 1887, na Áustria, e morreu em 1961, nesse mesmo país. É considerado um dos físicos que mais contribuíram para o desenvolvimento da mecânica quântica, o que lhe rendeu, em 1933, o Prêmio Nobel de Física.

Schrödinger também ficou famoso por propor uma experiência mental conhecida como *a experiência do gato de Schrödinger*, que demonstra a complexidade de interagir e medir no mundo da mecânica quântica.

A ciência física

O gato de Schrödinger

No experimento mental de Schrödinger, um gato está preso em uma caixa onde há um frasco lacrado de veneno volátil. O frasco está na mira de um martelo, que cairá caso um contador Geiger detecte a presença de partículas alfa. Se o martelo cair sobre o frasco, este quebrará, o gás será liberado e o gato morrerá envenenado. Caso contrário, o gato permanecerá vivo. A experiência está ilustrada na Figura 1.9.

Figura 1.9
Experiência do gato de Schrödinger

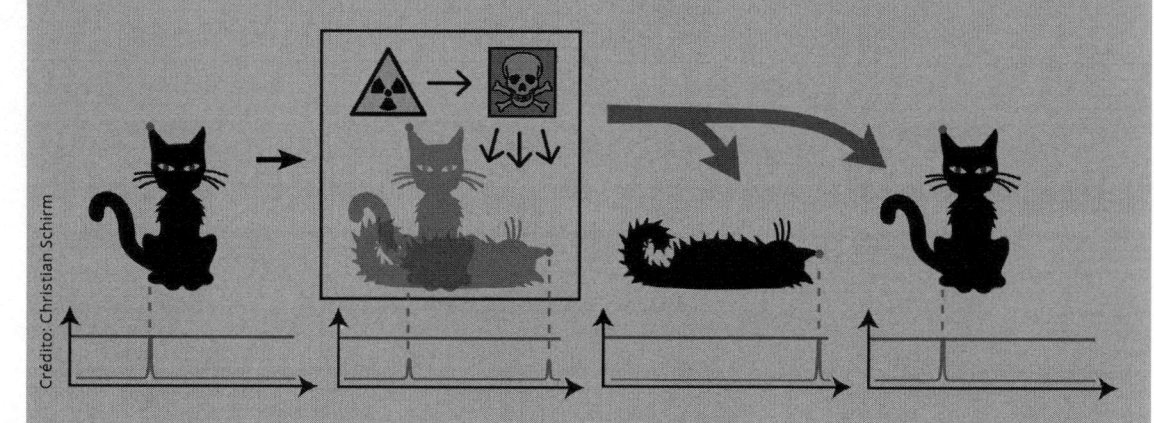

Crédito: Christian Schirm

Dentro da caixa, colocamos um átomo radioativo que apresente 50% de probabilidade de emitir uma partícula alfa no intervalo de tempo de 1 hora. Assim, ao final dessa hora, teremos duas possibilidades:

1. o átomo liberou a partícula alfa, o contador Geiger a detectou, o martelo caiu sobre o frasco, o veneno foi liberado e o gato morreu envenenado;
2. o átomo não liberou a partícula alfa e o gato continuou vivo.

Se utilizássemos a teoria quântica para descrever o que está acontecendo dentro da caixa, teríamos um gato vivo e morto, correspondendo a dois estados que não podem ser distinguidos, ou seja, uma superposição dos dois estados possíveis. O ponto central é que só saberemos o resultado se abrirmos a caixa. Contudo, se fizermos isso, estaremos alterando a configuração inicial do sistema, o que não corresponderia à solução do problema original.

A superposição de estados quânticos é decorrente da natureza ondulatória da matéria, que, mesmo parecendo paradoxal para níveis macroscópicos, funciona muito bem para os níveis microscópicos.

1.3 Físicos brasileiros

A seguir, falaremos sobre dois físicos brasileiros que se destacaram no cenário internacional: **César Lattes** (1924–2005) e **José Leite Lopes** (1918–2006).

Crédito: André Müller

César Lattes nasceu em 11 de julho de 1924, na cidade de Curitiba, e faleceu em 2005, vítima de um ataque cardíaco, em São Paulo. Formou-se em Matemática e Física em 1943, na Universidade de São Paulo (USP). Aos 23 anos, contribuiu para a fundação do Centro Brasileiro de Pesquisas Físicas (CBPF), localizado no Rio de Janeiro. Em 1947, descobriu o *méson-pi*, também conhecido como *pion* (partícula subatômica composta por um *quark* e por um antiquark), que, ao se desintegrar, gera um *méson mu*, ou *muon*. Até então, acreditava-se que as particulares elementares eram compostas somente por prótons, nêutrons e elétrons. A descoberta do *pion* contribuiu para o início e a consolidação do campo de pesquisa conhecido como *física das partículas*.

Mesmo sendo o primeiro autor do artigo científico enviado para a revista *Nature*, no qual anunciou a descoberta do *méson-pi*, Lattes não foi agraciado com o Prêmio Nobel de Física de 1950, como o foi **Cecil Powell** (1903–1969), na época líder do grupo de pesquisa do qual César Lattes fazia parte.

Em 1986, pela relevância de suas contribuições para a física, César recebeu da Universidade Estadual de Campinas (Unicamp) os títulos de *Doutor Honoris Causa* e de *Professor Emérito*. Atualmente, a *Plataforma Lattes*, que recebeu esse nome em homenagem ao físico brasileiro, concentra o maior número de currículos de pesquisadores brasileiros. É válido ainda destacar que Lattes participou ativamente da criação do Conselho Nacional de Desenvolvimento Científico e Tecnológico (CNPq).

A ciência física

Esperamos que os recortes históricos apresentados neste capítulo tenham cumprido o propósito de despertar o seu interesse, leitor, pela física, que, ao olhar de muitos, é considerada a mãe de todas as outras ciências. Caso você queira se aprofundar e conhecer mais sobre a evolução dessa ciência, não deixe de consultar as referências bibliográficas que estão relacionadas no fim deste livro.

Crédito: André Müller

José Leite Lopes nasceu em 28 de outubro de 1918, em Recife, Pernambuco, e morreu em 12 de junho de 2006, no Rio de Janeiro, por falência múltipla dos órgãos, após ter passado seis meses em coma devido a complicações decorrentes de uma endoscopia. Cientista de renome internacional, exerceu papel fundamental na criação e na consolidação da física teórica no Brasil. Especializou-se em Teoria Quântica de Campos e em Física de Partículas, além de dar contribuições significativas para a unificação das interações eletromagnéticas e fracas. Foi, juntamente com César Lattes, um dos fundadores do CBPF, em 1949. Entre os anos de 1967 e 1971, exerceu o cargo de presidente da Sociedade Brasileira de Física (SBF).

2. Grandezas e unidades de medidas

Grandezas e unidades de medidas

Você já deve ter notado que existem determinados tipos de sentimentos e emoções que não podem ser medidos. Por exemplo, mesmo que uma pessoa consiga demonstrar o quanto gosta de seu cão, não há maneiras de mensurar esse sentimento, da mesma forma que não há como diferenciar quantitativamente o sentimento de beleza que uma nova Ferrari desperta em pessoas diferentes.

Por não dispormos de **aparelhos, escalas** ou **formas de medir** essas quantidades, elas não fazem parte do rol de grandezas classificadas como *físicas* – aquelas que, direta ou indiretamente, podem ser medidas, como o comprimento, a massa, o peso, o tempo, a temperatura, a energia, a diferença de potencial gravitacional e elétrico, o índice de refração de um meio em relação a outro, a frequência de uma radiação eletromagnética, a resistência elétrica, a intensidade luminosa e a quantidade de matéria, entre outras.

Na seção seguinte, vamos estudar aspectos históricos das unidades utilizadas para medir algumas dessas grandezas físicas.

2.1 Unidades de medidas

> Do que precisamos para medir?

De uma forma simples, é possível afirmar que medir significa obter uma quantidade de certa grandeza. Para isso, precisamos definir uma unidade de medida e contar quantas vezes essa unidade equivale ao que queremos medir. Vejamos a seguir alguns aspectos históricos que levaram o homem a realizar medidas de grandezas que em determinada época foram, e continuam sendo, importantes para a humanidade.

2.1.1 Aspectos históricos das unidades de medidas

Ao longo da história, a necessidade dos povos fez a humanidade desenvolver diversas técnicas para realizar medições. Em determinado momento, em razão do comércio e da evolução das construções cada vez mais precisas e imponentes, foi necessário que o homem, além de medir as grandezas físicas, passasse a se preocupar com a transferência dessas medidas para terceiros e as novas gerações, o que fez surgir, assim, a ideia de padronização. Muitos padrões de medidas foram criados tomando como referência as partes do corpo humano, os quais são conhecidos hoje como *unidades de medidas antropométricas*.

A seguir, apresentaremos alguns padrões criados para medir comprimento, tempo e massa.

2.1.2 Medidas de comprimentos

As medidas de comprimentos antigas eram, em sua maioria, antropométricas. Estudaremos nesta seção algumas dessas unidades, como o côvado, a polegada, o palmo, o pé, o passo simples e o duplo, a jarda, a milha terrestre e a marítima e, por fim, a légua terrestre e a marítima. Para que você tenha uma ideia de quanto vale o comprimento de cada uma dessas medidas, estabeleceremos uma relação delas com os padrões que geralmente utilizamos em nosso dia a dia: o quilômetro o metro e o centímetro.

2.1.2.1 Côvado ou cúbito

O côvado ou cúbito[i], uma unidade de medida utilizada pelos sumérios, egípcios, babilônios e outros povos antigos, por volta de 4 mil anos atrás, corresponde ao comprimento que vai do cotovelo de um homem até a ponta do seu dedo médio quando a mão está aberta. Essa unidade de medida aparece em várias passagens bíblicas, como em Gênesis, quando Deus orientou Noé a construir sua arca: "E desta maneira a farás: De trezentos côvados o comprimento da arca, e de cinquenta côvados a sua largura, e de trinta côvados a sua altura" (Bíblia. Gênesis, 2014, 6:15).

Além dessa passagem, digitando a palavra *cúbito* no mecanismo de busca do *site* Bíblia Online[ii], é possível verificar que o termo aparece 25 vezes no Velho Testamento e 2 vezes no Novo Testamento. Acredita-se que o cúbito ou côvado tenha sido o primeiro padrão de medida corporificado em uma peça de granito. Estima-se que a sua medida correspondia a pouco menos de 45 cm.

A Figura 2.1 ilustra as partes do braço e a localização dos ossos ulna e rádio.

Figura 2.1
Ossos que formam o braço

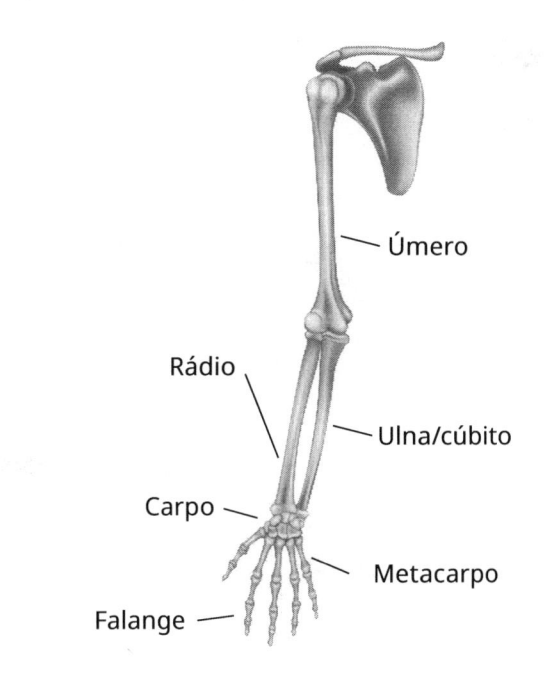

Crédito: Fotolia

---
i   *Cúbito* também é o nome dado ao maior osso do antebraço (também conhecido como *ulna*).

ii Para saber mais, acesse: <http://www.bibliaonline.com.br>.

Grandezas e unidades de medidas

Já a Figura 2.2 apresenta a medida de um côvado ou cúbito como a soma do comprimento do antebraço com o da mão aberta.

Figura 2.2
Representação do comprimento equivalente a um cúbito ou côvado

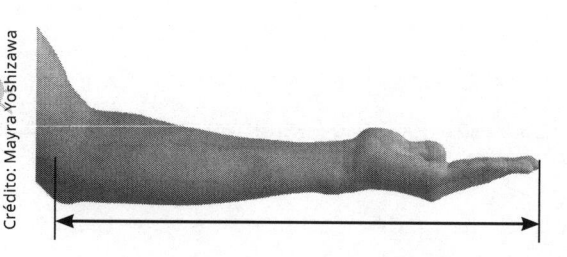

Crédito: Mayra Yoshizawa

2.1.2.2
Polegada

A polegada é uma medida de comprimento que também remonta a milênios. Originalmente, correspondia à largura de um polegar humano. A Figura 2.3 ilustra a medida de uma polegada.

Figura 2.3
Representação do comprimento correspondente a uma polegada

Crédito: Elaborado com base em Fotolia

Especula-se também que uma polegada poderia corresponder à medida que ia da ponta do polegar até a sua primeira junta. No entanto, a hipótese referente à largura do polegar é a mais aceita.

Nos dias de hoje, o comprimento de uma polegada equivale a 2,54 cm, o que corresponde a um doze avos (1/12) da unidade de medida *pé* (a unidade *pé* será apresentada na sequência).

2.1.2.3
Palmo

Assim como a polegada, o palmo também é uma medida milenar. Foi muito utilizada pelos povos antigos, sendo seu comprimento correspondente à medida que vai da extremidade do polegar até a extremidade do dedo mínimo quando a mão está totalmente aberta e as distâncias entre os dedos são as maiores possíveis, conforme observamos na Figura 2.4.

Figura 2.4
Representação do comprimento correspondente a um palmo

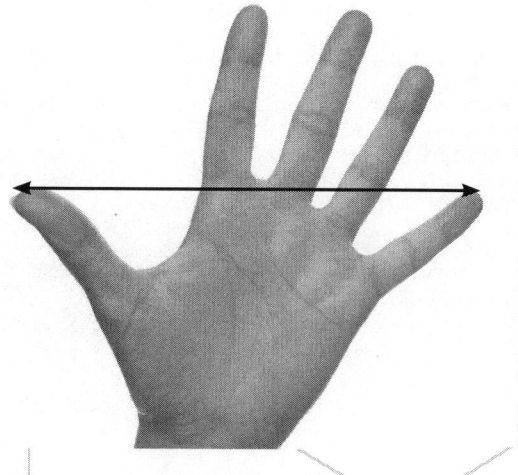

Crédito: Elaborado com base em Fotolia

O comprimento do palmo também variava de região para região, correspondendo à aproximadamente 22 cm. Atualmente, o palmo ainda é utilizado em alguns países de língua inglesa e seu comprimento equivale a exatas 9 polegadas, o que corresponde a 22,86 cm.

2.1.2.4
Pé

A unidade de medida *pé* tem origem no comprimento do pé humano, sendo que, para a maioria dos povos antigos, o pé do rei era tomado como padrão.

Hoje, a medida de um pé equivale a 30,48 cm (12 polegadas) e corresponde ao tamanho médio dos pés masculinos adultos. A Figura 2.5 ilustra tal medida.

Figura 2.5
Representação do comprimento correspondente a um pé

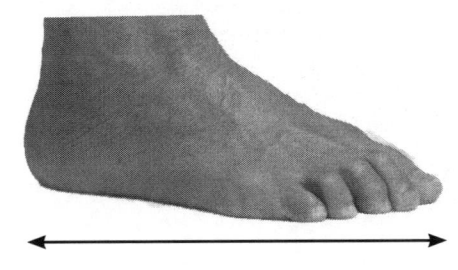

2.1.2.5
Passo

O passo, também conhecido como *passo duplo*, era uma unidade de medida romana equivalente a 5 pés, conforme a Figura 2.7. Já o passo simples equivalia a 3 pés, ilustrado na Figura 2.6. a seguir.

Figura 2.6
Representação do comprimento correspondente a um passo simples

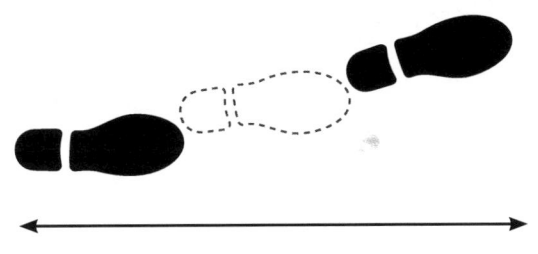

Figura 2.7
Representação do comprimento correspondente a um passo duplo

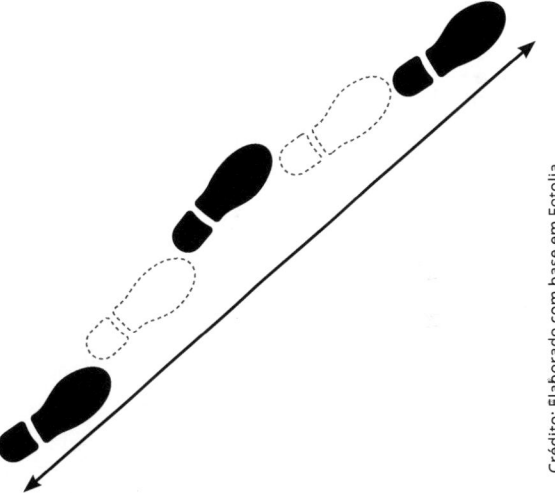

É fácil concluir que essa unidade de medida nunca foi muito precisa, pois um passo pode ter comprimento diferente de outro, mesmo sendo dado pela mesma pessoa.

2.1.2.6
Jarda

A jarda é uma unidade de medida relativamente mais recente. Acredita-se que tenha sido

Grandezas e unidades de medidas

definida pelo Rei Henrique I da Inglaterra, no século XII, como a distância entre o seu nariz e o polegar da sua mão, como observamos na Figura 2.8.

Figura 2.8
Representação do comprimento correspondente a uma jarda

Crédito: Natasha Melnick

Na atualidade, uma jarda equivale a 3 pés, o que corresponde a 0,914 m.

2.1.2.7
Milha

Existem dois tipos de unidades de milhas a serem considerados: a milha terrestre e a milha marítima (ou náutica). A milha terrestre é originária da Roma antiga. Naquela época, uma milha correspondia ao comprimento de mil passos duplos dados pelo comandante de suas milícias, o que equivalia a uma medida entre 1 400 m e 1 580 m, valor hoje alterado, conforme representado na Figura 2.9.

Figura 2.9
Representação do comprimento correspondente a uma milha terrestre

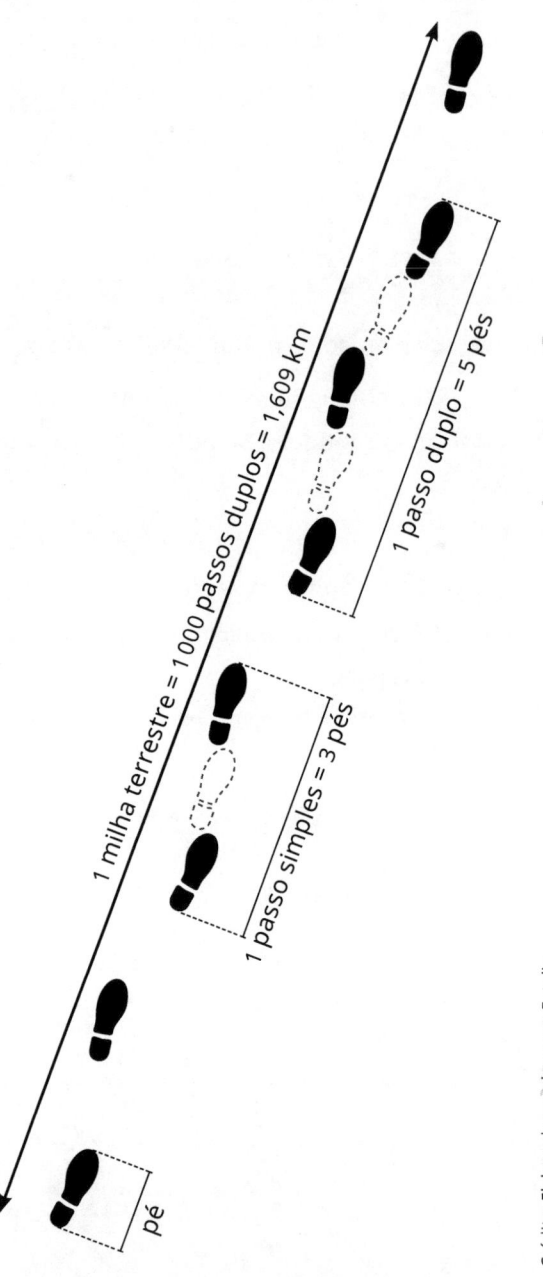

1 milha terrestre = 1 000 passos duplos = 1,609 km
1 passo duplo = 5 pés
1 passo simples = 3 pés
pé

Crédito: Elaborado com base em Fotolia

Atualmente, uma milha vale 5 mil pés ou pouco mais de 1 609 m (ou 1,609 km).

Já a milha marítima, ou milha náutica, foi definida cientificamente tomando como referência o perímetro da Terra contornado sobre a linha do Equador (cerca de 40 000 km). Ela corresponde ao comprimento de 1 minuto de arco medido sobre essa linha. A Figura 2.10 representa uma milha marítima.

Figura 2.10
Representação do comprimento correspondente a uma milha marítima

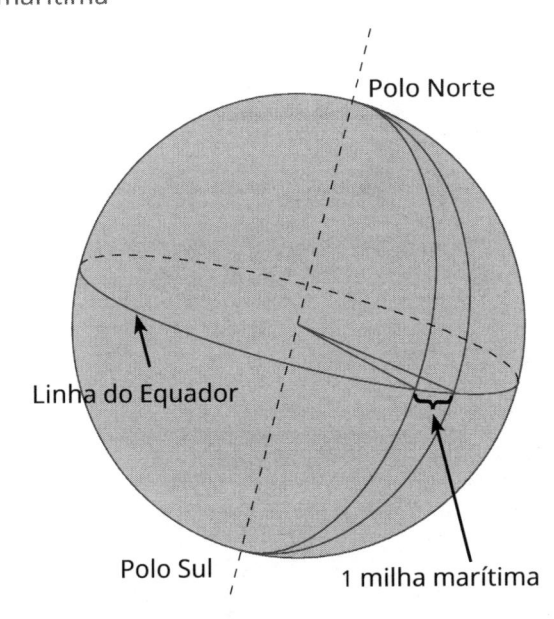

Crédito: Natasha Melnick

Considerando que uma circunferência contém 360° e que cada grau corresponde a 60 minutos, dividiu-se o perímetro da "circunferência" definida pela linha do Equador por 360 e depois por 60. O resultado é o valor da milha marítima: 1,852 km.

2.1.2.8
Légua

Assim como a milha, a légua divide-se em duas variantes: a légua terrestre e a légua marítima. Historicamente, a légua terrestre nunca foi muito precisa, variando entre 2 e 7 km. Em sua origem, era definida como a distância que uma pessoa podia caminhar em 1 hora. Obviamente, está aí o maior motivo de sua imprecisão, pois pessoas diferentes caminham distâncias também diferentes no intervalo de tempo de 1 hora. A Figura 2.11 ilustra uma légua terrestre.

Figura 2.11
Representação do comprimento correspondente a uma légua terrestre

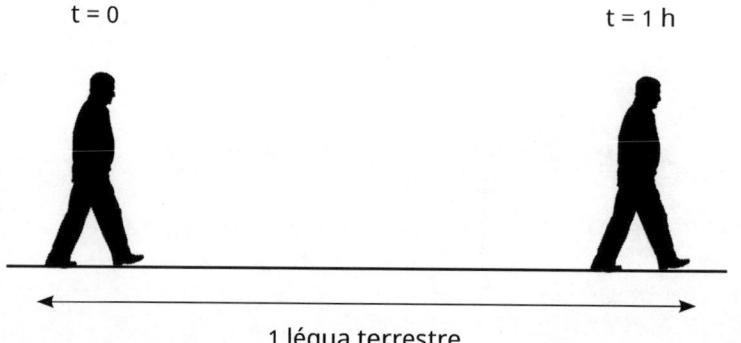

1 légua terrestre

Nos dias de hoje, o comprimento estabelecido para a légua terrestre é de 3 milhas terrestres, o que equivale a 4 827 m (ou 4,827 km). Da mesma forma, é possível definir a légua marítima como equivalente a 3 milhas marítimas, ou seja, 5 556 m.

2.1.3 Medidas de tempo

É fácil imaginar que a contagem do tempo se tornou necessária a partir do momento em que o homem deixou de ser nômade, passando a domesticar animais e a desenvolver as técnicas de agricultura, com vistas a abrigo seguro e alimentos à sua disposição ao longo de toda a sua vida. A forma que encontrou para saber quando deveria plantar e colher ou sacrificar animais para consumo próprio era baseada nas observações do movimento periódico dos astros, as quais permitiram o desenvolvimento de sistemas para contar o tempo, chamados de *calendários*.

A unidade de tempo mais intuitiva – e, por isso, acredita-se também que seja a mais antiga – é o **dia**. Na Antiguidade, quando o homem ainda não havia desenvolvido instrumentos para medir o tempo, considerava-se um dia como o intervalo decorrido entre dois nasceres do Sol consecutivos ou, então, dois pores do Sol consecutivos. O aparente movimento do Sol em torno da Terra dava uma ideia de quanto tempo já havia se passado do amanhecer e quanto tempo ainda faltava para o anoitecer.

Já a criação da unidade de tempo **mês** foi embasada originalmente na observação das fases da Lua. A cada mudança de fase se contava um ciclo (um mês).

Depois, foi criada a unidade **ano**, considerando as alterações periódicas do clima (hoje conhecidas como *estações do ano*) e a mudança da aparente trajetória celeste do Sol.

Vejamos a seguir alguns artefatos tecnológicos criados pelo homem ao longo da história para medir o tempo.

2.1.3.1
Ampulheta

Conhecido também como *relógio de areia*, esse instrumento é formado por dois cones ocos de vidro unidos pelos vértices, por onde a areia passa de um cone para o outro através de um orifício. Quando a areia passa totalmente de um cone para o outro, obtém-se um intervalo de tempo conhecido. A Figura 2.12 ilustra uma ampulheta.

Figura 2.12
Ampulheta

2.1.3.2
Relógio solar

O relógio solar foi criado ainda na Antiguidade e funciona fundamentado na leitura da passagem do tempo a partir da observação do movimento do Sol. O modelo mais comum de relógio solar é constituído por uma chapa plana, na qual estão marcadas as linhas das horas, e um gnômon, cuja sombra é projetada sobre essas linhas, como vemos na Figura 2.13.

Figura 2.13
Relógio solar

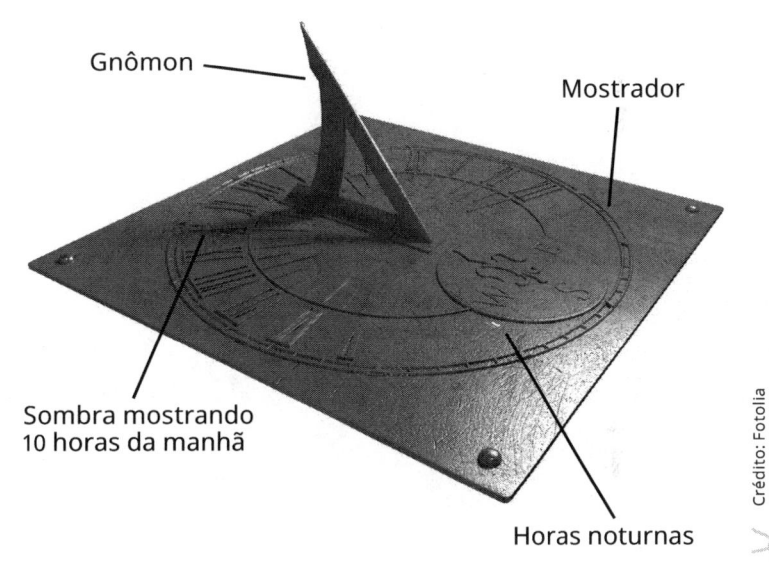

2.1.3.3
Clepsidra ou relógio de água

Assim como o relógio solar, a clepsidra foi inventada na Antiguidade. É um aparelho movido pela queda da água em um recipiente; uma haste dentada presa a uma boia movimenta o ponteiro que marca o tempo, conforme observamos na Figura 2.14.

Grandezas e unidades de medidas

Figura 2.14
Clepsidra ou relógio de água

- Controle do fluxo de água
- Fornecimento de água
- Purga
- Flutuador

Crédito: Elaborado com base em Wikimedia Commons

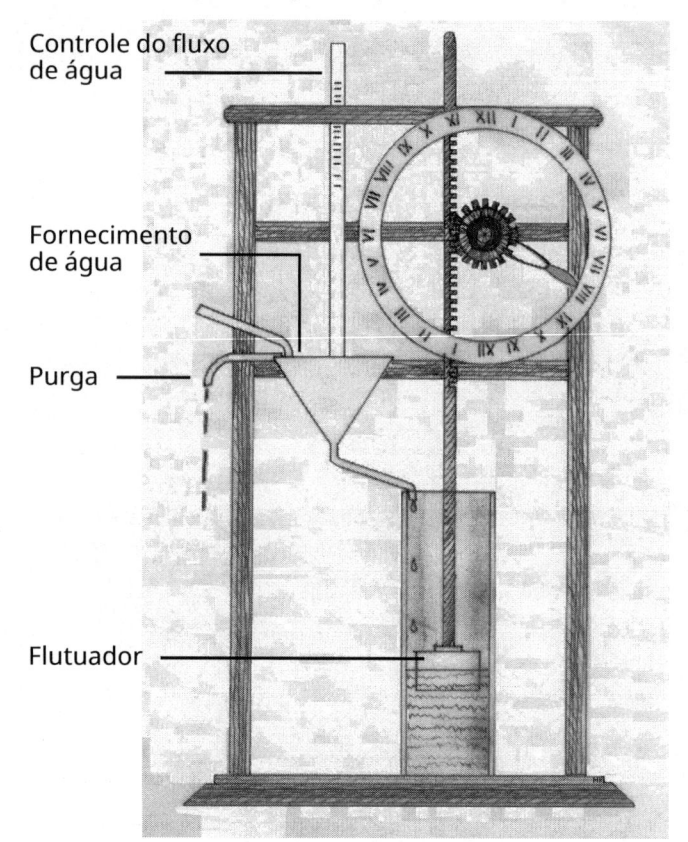

Figura 2.15
Relógio de vela

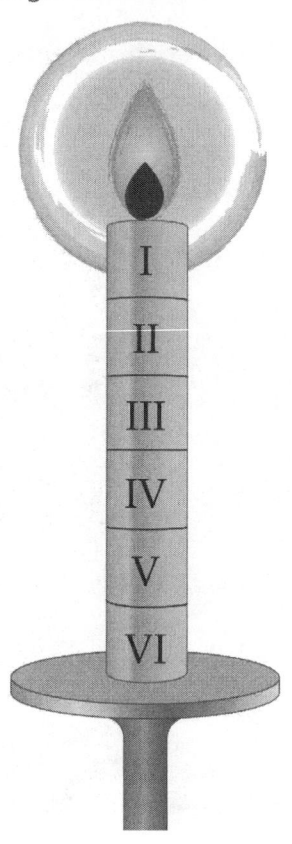

Crédito: Natasha Melnick

2.1.3.4
Relógio de vela

É um dispositivo simples, surgido durante a Idade Média, que obtém a marcação do tempo a partir da queima de uma vela. Quanto mais grossa ela for, mais tempo demorará para queimar. Diferentes intervalos de tempo poderiam ser estabelecidos pelo simples cálculo de uma regra de três. Vejamos um relógio de vela na Figura 2.15.

2.1.3.5
Relógio de pêndulo

O movimento pendular foi bastante estudado por Galileu Galilei (1564–1642), mas atribui-se a Christiaan Huygens (1629–1695) a invenção do relógio de pêndulo, que marca o tempo com base na contagem de determinado número de períodos de oscilação de um pêndulo. Esse dispositivo leva em consideração que, para pequenos ângulos, o período de um pêndulo não depende de sua amplitude. O mecanismo do relógio de pêndulo está ilustrado na Figura 2.16.

Figura 2.16
Relógio de pêndulo

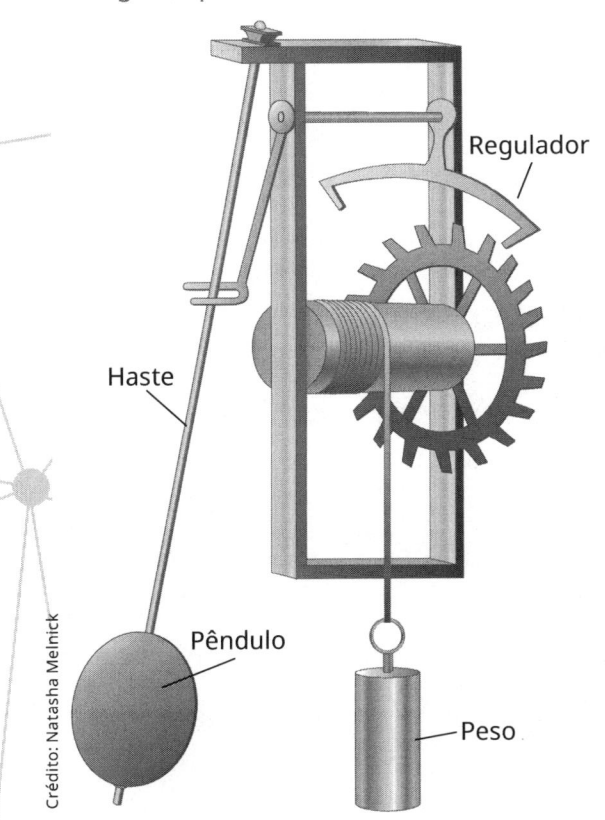

2.1.3.6
Relógio atômico

Criado em 1955, o relógio atômico tem como princípio de funcionamento a medida da oscilação da energia de um determinado átomo (o mais comumente utilizado é o césio). Considera-se o relógio mais preciso já construído pelo homem, sendo estimado um atraso de apenas 1 segundo a cada 65 mil anos.

> ### Curiosidade sobre o sistema duodecimal
>
> Atualmente usamos o sistema de contagem decimal. O próprio Sistema Internacional de Unidades (SI) tem como base esse sistema de numeração. Contudo, nem sempre foi assim, e ainda hoje existem grandezas contadas em base duodecimal (base 12). A medição de tempo é um bom exemplo: o dia tem 24 horas, e cada hora tem 60 minutos ou 3600 segundos. Não é difícil perceber que a base de contagem é o 12 e não o 10. Mas, por que é assim?

Grandezas e unidades de medidas

Tudo indica que o sistema duodecimal começou na Antiguidade, com os sumérios. Se os sumérios tinham dez dedos como todo mundo, porque não contavam as coisas com base no número dez, como fazemos hoje? A resposta está no fato de que eles tinham um jeito peculiar de contar. Quando o faziam, moviam o polegar da mão direita sobre as falanges dos outros quatro dedos. Cada dedo tem três falanges, então era possível contar até doze em uma mão. Já a mão esquerda era usada para contar quantas mãos direitas tinham sido completadas na contagem. Cinco dedos da mão esquerda vezes doze falanges da mão direita, e temos o número 60, até hoje usado como base de contagem para medidas de arcos e ângulos, além de tempo!

É claro que existem explicações mais pragmáticas, como o fato de o número sessenta ser divisível por um, dois, três, quatro, cinco e seis, o que facilitava os cálculos. Além disso, o ano solar tem doze ciclos lunares. Independente da razão, essa antiga herança dos sumérios permanece até os nossos dias nas contagens comerciais, e sempre que comprarmos uma dúzia de qualquer coisa nos lembraremos deles.

Fonte: Adaptado de Por que..., 2010.

2.1.4 Medidas de massa

Na Antiguidade, os povos encontraram diversas formas para medir ou comparar a massa dos objetos. Uma das mais conhecidas era o grão, correspondente à massa de um grão de cereal (especula-se que o grão utilizado era o de arroz).

Em relação aos instrumentos inventados para medir e comparar massas, a balança ganhou destaque desde o tempo do Antigo Egito, o que pode ser evidenciado nas figuras 2.17 e 2.18 a seguir. Conta a lenda que, em um dos pratos da balança representada na Figura 2.17, era colocado o coração de um morto e, no outro, a pluma da deusa da justiça Maat. Após o ajuste da balança, verificava-se qual dos dois pratos tinha mais massa. Dependendo do resultado, o espírito era encaminhado para o paraíso ou o inferno. Na balança egípcia, os dois braços têm o mesmo comprimento.

Figura 2.17
Pintura de uma balança egípcia

Figura 2.18
Balança romana

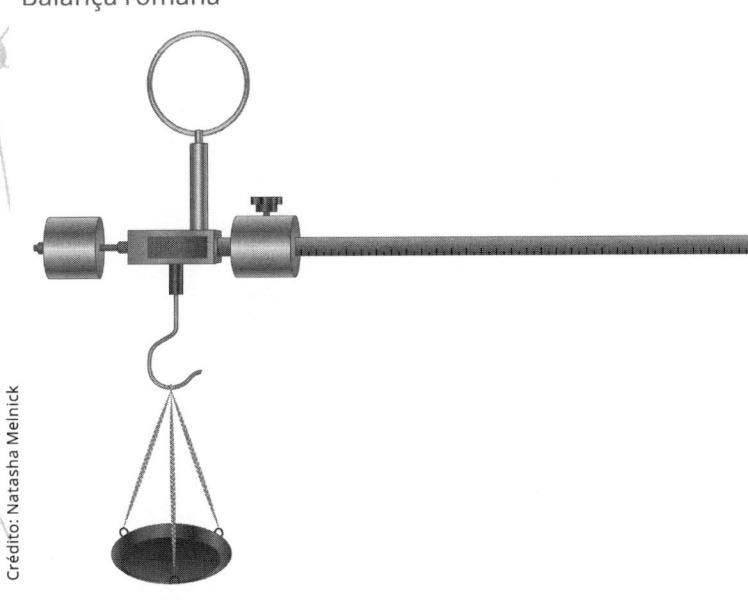

Mais tarde, os romanos inventaram uma balança baseada no conceito de momento de uma força – nela, um dos braços da balança é mais curto que o outro (Figura 2.18). A massa a ser medida é colocada no braço mais curto, enquanto no mais longo insere-se outra massa, que pode variar sua distância de acordo com o eixo de rotação.

Em relação aos padrões de massas criados ao longo do tempo, além da unidade de medida grão, temos o grama (unidade fundamental do sistema CGS[iii]), a onça (1 onça equivale a 28,35 g), a libra (equivalente a 453,6 g), o *slug* (aproximadamente 14,59 kg), entre outras.

2.2 Sistemas de unidades

As unidades apresentadas no tópico anterior permitem-nos ter uma ideia de quão complexa era a troca de informações científicas e comerciais entre países que adotavam padrões de unidades de medidas diferentes. No entanto, o maior problema não estava na quantidade de unidades

iii Sistema Centímetro-Grama-Segundo.

Grandezas e unidades de medidas

diferentes adotadas, e sim na quantidade de unidades com o mesmo nome, mas medidas diferentes. Um exemplo é a unidade de comprimento *pé*, que, como vimos, inicialmente tinha como padrão de comprimento o pé do rei. Ocorre que o comprimento do pé do rei do país X não era igual ao do rei do país Y, o que, certamente, gerava confusões nos intercâmbios científico e comercial entre esses países. A ideia de construir um sistema de unidades surgiu com o objetivo de melhorar essa troca de informações científicas e comerciais.

Em maio de 1875, na França, um tratado internacional conhecido como *Convenção do Metro* foi assinado por 17 países, estabelecendo três tipos de organizações para cuidar dos assuntos relativos à criação de um sistema de medidas uniformes:

1. Conferência Geral de Pesos e Medidas (CGPM);
2. *Bureau* Internacional de Pesos e Medidas (BIPM);
3. Comitê Internacional de Pesos e Medidas (CIPM).

Ainda no século XVIII, criou-se, em uma das reuniões dessas organizações, o Sistema Métrico Decimal, cujas unidades básicas eram o metro, o litro e o quilograma. Mais tarde, já no século XX, mais precisamente em 1960, esse sistema foi substituído pelo SI, atualmente adotado pela maioria dos países do mundo.

2.2.1 Sistema Internacional de Unidades (SI)

No SI, a **unidade de comprimento é o *metro* (m)** – palavra derivada do grego *métron*, que significa "medida" –, definido originalmente como a décima milionésima parte da distância entre a linha do Equador e o Polo Norte, ou seja, essa distância dividida por 10.000.000 (dez milhões).

Em 1983, na XVII CGPM, estabeleceu-se uma medida mais precisa para o metro: a distância coberta pela luz no vácuo no intervalo de tempo de $\frac{1}{299.792.458}$ s.

Já a **unidade de tempo no SI é o segundo (s)**, definido originalmente como $\frac{1}{86.400}$ do dia. Como essa definição era pouco precisa em virtude da ligeira irregularidade do movimento de rotação da Terra, na XIII CGPM de 1967 definiu-se o segundo como o intervalo correspondente a 9.192.631.770 períodos da transição de um elétron entre dois níveis de energia específicos de um isótopo do átomo de césio. Embora esse padrão tenha sido criado em 1967, o relógio atômico somente foi produzido em 1995.

A **unidade no SI de massa**, por sua vez, é **o quilograma (kg)**, inicialmente estabelecida como a medida de um litro de uma massa de água contida em um cubo de arestas 0,1 m. Em 1901, 1 kg passou a ter como padrão a massa de um cilindro feito de uma liga de irídio e platina, cujo diâmetro da base e altura tinham, cada um, 3,9 cm. Até hoje esse padrão é adotado e mantido no BIPM, tendo diversas réplicas espalhadas pelo mundo.

Além dessas três grandezas fundamentais e suas respectivas unidades, existem outras quatro unidades que também são consideradas fundamentais no SI. São elas:

1. a corrente elétrica, medida em ampère (A);
2. a temperatura termodinâmica, medida em Kelvin (K);
3. a quantidade de matéria, medida em mol (mol);
4. a intensidade luminosa, medida em candela (cd).

O Quadro 2.1 apresenta uma síntese das sete grandezas fundamentais do SI[iv], suas respectivas unidades e símbolos.

Quadro 2.1
Grandezas fundamentais do SI

Grandeza	Unidade	Símbolo
Comprimento	metro	m
Massa	quilograma	kg
Tempo	segundo	s
Corrente elétrica	ampère	A
Temperatura	Kelvin	K
Quantidade de matéria	mol	mol
Intensidade luminosa	candela	cd

---
iv Uma grandeza é dita *fundamental* (ou *primitiva*) quando não é uma combinação de outras grandezas.

As grandezas escritas com base em uma combinação de grandezas fundamentais são chamadas de *grandezas derivadas*. Por exemplo: a velocidade é uma grandeza derivada definida como a razão entre uma unidade de comprimento e uma unidade de tempo. Tanto comprimento como tempo são grandezas fundamentais que, combinadas, deram origem à grandeza velocidade. Da mesma forma, a grandeza força é escrita como o produto de uma unidade de massa por uma unidade de comprimento, dividido pelo quadrado de uma unidade de tempo.

2.2.1.1
Múltiplos e prefixos usados no Sistema Internacional de Unidades (SI)

Com a finalidade de reduzir o número de zeros mostrados após uma operação ou medida experimental, as unidades de medidas podem ser escritas juntamente com os prefixos SI, assim chamadas por indicar um múltiplo ou fração da unidade de medida. Por exemplo: o intervalo de 0,000 000 002 s (dois bilionésimos de um segundo) pode ser escrito utilizando-se o prefixo nano (n) da seguinte forma: 2 ns. Outro exemplo é a distância de 5 000 m, que pode ser escrita utilizando-se o prefixo quilo (k): 5 km. A Tabela 2.1 mostra os múltiplos e prefixos que geralmente são utilizados em física.

Grandezas e unidades de medidas

Tabela 2.1
Múltiplos e prefixos das potências de 10

Número	Escala	Notação científica	Prefixo	Símbolo
1 000 000 000 000 000 000 000 000	Um septilião	10^{24}	*yotta*	Y
1 000 000 000 000 000 000 000	Um sextilião	10^{21}	*zetta*	Z
1 000 000 000 000 000 000	Um quintilião	10^{18}	*exa*	E
1 000 000 000 000 000	Um quadrilhão	10^{15}	*peta*	P
1.000 000 000 000	Um trilhão	10^{12}	*tera*	T
1 000 000 000	Um bilhão	10^{9}	*giga*	G
1 000 000	Um milhão	10^{6}	*mega*	M
1 000	Mil	10^{3}	*quilo*	k
100	Cem	10^{2}	*hecto*	h
10	Dez	10^{1}	*deca*	da
1	Um	10^{0}		
0,1	Um décimo	10^{-1}	*deci*	d
0,01	Um centésimo	10^{-2}	*centi*	c
0,001	Um milésimo	10^{-3}	*mili*	m
0,000 001	Um milionésimo	10^{-6}	*micro*	µ
0,000 000 001	Um bilionésimo	10^{-9}	*nano*	n
0,000 000 000 001	Um trilionésimo	10^{-12}	*pico*	p
0,000 000 000 000 001	Um quadrilionésimo	10^{-15}	*femto*	f
0,000 000 000 000 000 001	Um quintilionésimo	10^{-18}	*atto*	a
0,000 000 000 000 000 000 001	Um sextilionésimo	10^{-21}	*zepto*	z
0,000 000 000 000 000 000 000 001	Um septilionésimo	10^{-24}	*yocto*	y

2.2.2 Sistema Inglês de Unidades

Outro sistema de unidades já bastante utilizado, mas atualmente em decadência, é o Sistema Inglês. A seguir, na Tabela 2.2, apresentamos algumas das unidades desse sistema e a equivalência com as unidades do SI.

Tabela 2.2
Sistema Inglês de Unidades

Medidas de comprimento	
Polegada	1 polegada = 0,0254 m
Pé	1 pé = 0,304 m
Jarda	1 jarda = 0,9144 m
Milha	1 milha = 1.609 m
Medidas de massa	
Onça	1 onça = 0,02835 kg
Libra	1 libra = 0,4536 kg
Medidas de tempo*	
As medidas de tempo são as mesmas do SI.	

2.2.3 Conversões de unidades

Você já deve ter ouvido falar que o número 1 é o elemento neutro da multiplicação, porque qualquer outro número x multiplicado por 1 resulta no próprio x. Essa constatação matemática se torna importante quando estabelecemos equivalências entre as unidades de medidas. Por exemplo: sabemos que uma milha terrestre equivale a 1,609 km. Em linguagem matemática, podemos escrever a seguinte equação:

$$1 \text{ mi} = 1,609 \text{ km}$$

Note que, se dividirmos ambos os membros da equação anterior por 1,609 km, obteremos uma razão que é igual à unidade:

$$\frac{1 \text{ mi}}{1,609 \text{ km}} = 1$$

Da mesma forma, poderíamos ter dividido ambos os membros da equação por 1 mi para obter a razão inversa, que também é equivalente à unidade:

$$\frac{1,609 \text{ km}}{1 \text{ mi}} = 1$$

Grandezas e unidades de medidas

Essas duas razões valem 1 e são adimensionais, ou seja, não têm dimensões. Uma grandeza multiplicada por qualquer uma dessas razões permanecerá com a mesma magnitude. Por isso, essas razões são chamadas de *fatores de conversão*, pois permitem que se converta determinada unidade de medida em outra equivalente. Vejamos alguns exemplos.

Exemplo 2.1

Viajando por uma rodovia americana, Rodolfo percorreu com seu carro 423 milhas em um dia. Em quilômetros, qual foi a distância percorrida?

Resolução:

Para calcular a distância em quilômetros, basta multiplicar 423 mi pelo fator de conversão que elimina a unidade milha e faz permanecer naturalmente a unidade quilômetros:

$$423 \text{ mi} \cdot \frac{1{,}609 \text{ km}}{1 \text{ mi}}$$

Simplificando a unidade milha:

$$423 \, \cancel{\text{mi}} \cdot \frac{1{,}609 \text{ km}}{1 \, \cancel{\text{mi}}}$$

Obtemos:

$$423 \cdot 1{,}609 \text{ km} = 680{,}607 \text{ km}$$

Portanto, Rodolfo percorreu 680,607 km. Observe que a multiplicação pelo fator de conversão correto fez com que naturalmente restasse a unidade quilômetros (km). Se tivéssemos optado pelo fator de conversão errado, logo perceberíamos que não seria possível fazer a simplificação da unidade milha.

Exemplo 2.2

Steve é americano e está passando as férias no Brasil. Ele deseja comprar 5 libras de carne para fazer um churrasco. Consultando uma tabela de conversão, ele verificou que 1 lb equivale a 0,454 kg. Em quilogramas, qual é a quantidade de carne que ele deverá solicitar ao açougueiro?

Resolução:

Para chegarmos ao resultado em quilogramas, basta que multipliquemos a quantidade em libras pelo fator de conversão que relaciona as duas unidades:

$$5 \text{ lb} \cdot \frac{0{,}4536 \text{ kg}}{1 \text{ lb}}$$

Simplificando a unidade libra:

$$5 \; \cancel{\text{lb}} \cdot \frac{0{,}4536 \text{ kg}}{1 \; \cancel{\text{lb}}}$$

O resultado é:

$$5 \cdot 0{,}4536 \text{ kg} = \mathbf{2{,}268 \text{ kg}}$$

Sendo assim, Steve deverá solicitar ao açougueiro 2,27 kg de carne.

Exemplo 2.3

Uma formiga desloca-se com velocidade (v) de 1,9685 in/min. Qual é a sua velocidade em centímetros por hora? ("in" vem de *inch*, que significa "polegadas" em inglês)

Resolução:

Temos de multiplicar a velocidade da formiga pelos seguintes fatores de conversão:

$$\frac{\text{cm}}{2{,}54 \text{ in}} = 1$$

e

$$\frac{60 \text{ min}}{1 \text{ h}} = 1$$

Assim:

$$v = \frac{1{,}9685 \text{ in}}{\text{min}} \cdot \frac{\text{cm}}{2{,}54 \text{ in}} \cdot \frac{60 \text{ min}}{1 \text{ h}}$$

Simplificando:

$$v = \frac{1{,}9685 \; \cancel{\text{in}}}{\cancel{\text{min}}} \cdot \frac{\text{cm}}{2{,}54 \; \cancel{\text{in}}} \cdot \frac{60 \; \cancel{\text{min}}}{1 \text{ h}}$$

$$v = 46{,}5 \text{ cm/h}$$

Ou seja, a cada hora, a formiga desloca-se **46,5 cm**.

Exercício extra: Calcule a velocidade da formiga em milímetros por segundo (mm/s). (Resposta: v = 1,29 mm/s).

Grandezas e unidades de medidas

Exemplo 2.4

A aceleração inicial de um foguete é a = 25 m/s². Converta essa aceleração para km/h².

Resolução:

Conhecemos os seguintes fatores de conversão:

$$\frac{1 \text{ km}}{1.000 \text{ m}}$$

e

$$\frac{3.600 \text{ s}}{1 \text{ h}}$$

Note que a unidade de aceleração tem dimensão de comprimento dividida pelo quadrado de uma dimensão de tempo. Isso significa que temos de elevar o fator de conversão da unidade de tempo ao quadrado.

Assim:

$$\left(\frac{3.600 \text{ s}}{1 \text{ h}}\right)^2 = \frac{12.960.000 \text{ s}^2}{\text{h}^2}$$

Agora, basta multiplicar a aceleração pelos fatores de conversão apresentados:

$$a = \frac{25 \text{ m}}{\text{s}^2} \cdot \frac{1 \text{ km}}{1.000 \text{ m}} \cdot \frac{12.960.000 \text{ s}^2}{\text{h}^2}$$

Simplificando as unidades, temos:

$$a = \frac{25 \not{m}}{\not{s^2}} \cdot \frac{1 \text{ km}}{1.000 \not{m}} \cdot \frac{12.960.000 \not{s^2}}{\text{h}^2}$$

Realizando as operações restantes, obtemos:

a = 324.000 km/h²

Portanto, em $\frac{\text{km}}{\text{h}^2}$, a aceleração inicial do foguete é de **324.000 km/h²**.

Questões para revisão

1. Indique quais das unidades de medidas são antropométricas:
   a) Quilograma.
   b) Palmo.
   c) Pé.
   d) Polegada.

2. Assinale as unidades utilizadas para medir tempo:
   a) Segundo.
   b) Quilograma.
   c) Dia.
   d) Século.

3. Assinale as unidades utilizadas para medir comprimento:
   a) Metro.
   b) Quilômetro.
   c) Hora.
   d) Milha.

4. Assinale as unidades utilizadas para medir massa:
   a) Polegadas.
   b) Milhas.
   c) Quilograma.
   d) Libra.

5. Relacione as grandezas fundamentais do Sistema Internacional de Unidades (SI) com suas respectivas unidades:
   (1) comprimento
   (2) tempo
   (3) massa
   (4) temperatura
   (5) quantidade de matéria
   (6) intensidade luminosa
   (7) corrente elétrica

   ( ) Kelvin (K)
   ( ) Ampère (A)
   ( ) mol (mol)
   ( ) segundo (s)
   ( ) metro (m)
   ( ) quilograma (kg)
   ( ) candela (cd)

   Assinale a sequência correta:
   a) 3, 2, 5, 1, 7, 4, 6.
   b) 4, 7, 5, 2, 1, 3, 6.
   c) 6, 3, 1, 5, 7, 2, 4.
   d) 4, 7, 2, 3, 5, 1, 6.

6. Associe cada prefixo ao seu correspondente valor representado em notação científica:
   (1) micro (μ)
   (2) quilo (k)
   (3) mili (m)
   (4) giga (G)
   (5) mega (M)
   (6) tera (T)
   (7) nano (n)

   ( ) 10^{-3}
   ( ) 10^{-6}
   ( ) 10^{9}
   ( ) 10^{6}
   ( ) 10^{-9}
   ( ) 10^{3}
   ( ) 10^{12}

Grandezas e unidades de medidas

Assinale a sequência correta:

a) 3, 1, 2, 5, 7, 4, 6.

b) 2, 1, 4, 5, 7, 3, 6.

c) 3, 1, 5, 4, 7, 2, 6.

d) 3, 1, 4, 5, 7, 2, 6.

7. A altura de um edifício é de 164,04 pés. Calcule essa distância em quilômetros.

8. Complete:

   a) $1,296 \cdot 10^5$ km/h² = _____ m/s².

   b) 60 mi/h = _____ pés/s (considere milhas terrestres).

   c) 5 lb = _____ kg.

9. A quantas horas equivalem 18.000 segundos?

10. Uma rua mede 3,81 km de comprimento. Qual é o seu comprimento em polegadas?

3.
Análise dimensional e notação científica

Análise dimensional e notação científica

Você já sabe que devemos expressar uma medida física por meio de um número seguido de uma unidade (grandeza escalar) e que, quando necessário, devemos indicar ainda a direção e o sentido (grandeza vetorial). Neste capítulo, você aprenderá a fazer a análise dimensional das grandezas físicas derivadas, o que lhe permitirá a verificação da validade de determinadas equações e, em alguns casos, as suas previsões. Em seguida, utilizando a ideia de notação científica, você perceberá como é fácil representar medidas ou estimativas que envolvem números muito pequenos (relacionadas às medidas subatômicas) e muito grandes (relacionadas às medidas do macrocosmo).

3.1 Análise dimensional

Qualquer grandeza física pode ser expressa em função de uma combinação entre as grandezas primitivas ou fundamentais. O Quadro 3.1 a seguir relaciona os símbolos dimensionais de cada grandeza fundamental.

Quadro 3.1
Símbolos dimensionais de cada grandeza fundamental

Grandeza	Símbolo dimensional
Comprimento	L
Tempo	T
Massa	M
Intensidade de corrente elétrica	I
Quantidade de matéria	N
Temperatura	θ
Intensidade luminosa	I_o

Para calcular a área de uma superfície retangular, sabemos que é necessário multiplicar o lado menor pelo lado maior (ou vice-versa). Por exemplo, o retângulo representado a seguir tem lados iguais a 10 m e 20 m e a sua área é igual a A = 10 m · 20 m = 200 m².

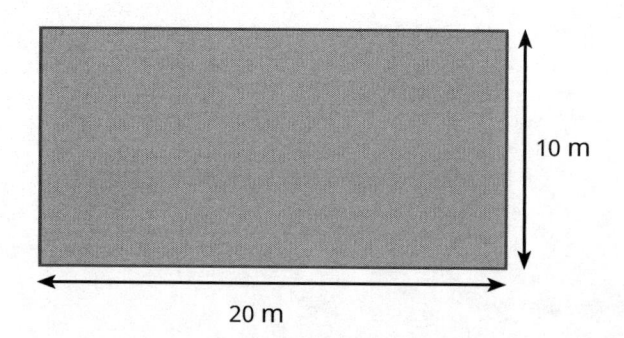

Note que, para calcular a área, multiplicamos dois comprimentos. Assim, dizemos que a área tem dimensões de comprimento ao quadrado, representado por L^2.

Já as dimensões de força são obtidas pelo produto de uma unidade de massa por uma unidade de comprimento, dividido pela unidade de tempo ao quadrado. A representação por meio dos símbolos dimensionais é **ML/T²**.

É importante destacar que somente será possível somar ou subtrair **grandezas físicas** que têm as **mesmas dimensões**. Não faz sentido tentar somar ou subtrair grandezas com dimensões diferentes – somar 3 metros com 2 segundos (3 m + 2 s), por exemplo, resulta numa operação desprovida de significado físico e que, portanto, não deve ser realizada. Assim, se tivermos uma equação como X = Y + Z, devemos ter em mente que as três grandezas (X, Y e Z) têm as mesmas dimensões. Além disso, para que a operação possa ser realizada, as unidades de Y e Z precisam ser iguais. Por exemplo, se Y tiver dimensões de área e for igual a 300 m², e Z também tiver dimensões de área e for igual a 20 cm², para que a soma possa ser realizada, precisamos transformar Y para cm² ou Z para m².

Vejamos alguns exemplos:

Exemplo 3.1

A equação que sintetiza a lei da gravitação universal de Newton afirma que:

$$F = G \frac{m_1 m_2}{r^2}$$

Em que:
- m_1 é a massa do corpo 1;
- m_2 é a massa do corpo 2;
- r é a distância que separa os dois corpos;
- G é a constante da gravitação universal;
- F é a força de atração gravitacional entre os dois corpos.

Sendo assim, realize uma análise dimensional para obter a unidade no Sistema Internacional de Unidades (SI) da constante da gravitação universal (G), sabendo que a unidade de força no SI é o newton (N), que equivale ao quilograma metro por segundo ao quadrado (kg · m/s²).

Resolução:

Sabemos que:

$$[F] = \frac{ML}{T^2}$$

E que:

$$\left[\frac{m_1 m_2}{r^2}\right] = \frac{M^2}{L^2}$$

Podemos, então, escrever:

$$\frac{ML}{T^2} = [G] \cdot \frac{M^2}{L^2}$$

Análise dimensional e notação científica

Agora vamos isolar [G]:

$$[G] = \frac{ML \cdot L^2}{T^2 M^2}$$

Fazendo as simplificações possíveis, obtemos as dimensões da constante [G]:

$$[G] = \frac{L^3}{T^2 M}$$

Portanto, podemos afirmar que a unidade da constante da gravitação universal no SI é **m³/s² · kg**.

Exemplo 3.2

Na equação a seguir, a distância x é dada em metros e o tempo t é dado em segundos. Quais as unidades SI das constantes A, B e C?

$$x = A + Bt + Ct^2$$

Resolução:

Todos os termos do segundo membro da equação precisam ter dimensões de comprimento e a unidade resultante necessariamente tem de ser o metro (m). Assim:

$$[A] = L$$

$$[B] = \frac{L}{T}$$

$$[C] = \frac{L}{T^2}$$

Nesse sentido, A tem dimensões de comprimento (unidade *m*), B tem dimensões de velocidade (unidade *m/s*) e C tem dimensões de aceleração (unidade *m/s²*).

3.2 Notação científica e ordens de grandezas

Existem grandezas físicas que apresentam valores muito pequenos quando medidos em determinadas unidades. É o caso da carga elétrica do elétron, que é aproximadamente igual a 1 coulomb[i] dividido por 10.000.000.000.000.000.000 (dez quintiliões). Da mesma forma, existem grandezas que apresentam valores muito elevados, como a massa do Sol, que, medida em quilogramas, equivale a aproximadamente 1,99 vezes 1.000.000.000.000.000.000.000.000.000.000 (um nonilião).

Você deve concordar que é bastante trabalhoso escrever

---

i A unidade de carga elétrica no SI é o coulomb (C), em homenagem ao físico francês Charles Augustin de Coulomb (1736–1806), que, no século XVIII, utilizou uma balança de torção para determinar a força experimentada entre duas cargas elétricas, conforme vimos no Capítulo 1.

tanto a carga elétrica do elétron como a massa do Sol da forma como foi apresentado no parágrafo anterior. Isso fez com que físicos e matemáticos buscassem uma forma simplificada para escrever esses números, o que aconteceu ainda no século III a.C., quando **Arquimedes de Siracusa** (287 a.C.–212 a.C.) estimou o número de grãos de areia necessários para preencher – o que na época ele acreditava ser – o volume do universo. O número encontrado por ele foi:

1.000.000.000.000.000.000.000.000.000.000.000.000.000.000.000.000.000.000.000.000

Ou seja, o número 1 (um) seguido de 63 zeros:

$1 \cdot 10^{63}$ grãos

Essa forma de representar é chamada de *notação científica*. De uma forma geral, temos:

$m \cdot 10^e$

Em que:

- m é chamado de *mantissa* e deve ser um número maior ou igual a 1 e menor do que 10:

$(1 \leq m < 10)$

- e é chamado *ordem de grandeza*.

Vejamos na Tabela 3.1 os valores de algumas constantes utilizadas em física e que são expressas em notação científica:

Tabela 3.1
Magnitude de algumas constantes físicas

Constante	Valor
Massa do elétron	$m_e = 9{,}109 \cdot 10^{-31}$ kg
Massa da Terra	$m_T = 5{,}97 \cdot 10^{-27}$ kg
Número de Avogadro	$N_A = 6{,}022 \cdot 10^{23}$ partículas/mol
Permissividade elétrica no vácuo	$\epsilon_0 = 8{,}854 \cdot 10^{-12}$ C^2/N $\cdot$ m^2
Constante de Coulomb	$k = 8{,}99 \cdot 10^9$ N $\cdot$ m^2/C^2
Constante de Planck	$h = 6{,}626 \cdot 10^{-34}$ J $\cdot$ s

Como você pôde verificar, nosso universo está repleto de grandezas e constantes físicas que têm ordens de grandezas diversificadas. Desse modo, é comum termos de realizar cálculos entre essas grandezas e constantes para obter resultados que, por conseguinte, nos levam ao entendimento dos fenômenos físicos. Na seção seguinte, explicaremos como fazer esses cálculos.

Análise dimensional e notação científica

3.3 Operações fundamentais com números em notação científica

Nesta seção, discutiremos as operações de soma e subtração de números representados em notação científica. Você perceberá que o procedimento para realizar uma soma ou uma subtração é basicamente o mesmo, o que também acontece com as operações de multiplicação e divisão. Comecemos pelas operações de soma e subtração.

- **Soma e subtração** – Para somar ou subtrair dois números representados na forma de notação científica, os termos envolvidos precisam ter a mesma ordem de grandeza.

> **Exemplo 3.3**
>
> Faça a soma a seguir e expresse o resultado em notação científica:
>
> $(2{,}3 \cdot 10^3 \text{ kg}) + (5{,}4 \cdot 10^2 \text{ kg}) =$
>
> **Resolução:**
>
> Primeiramente, note que estamos querendo somar 2.300 kg com 540 kg. O resultado será 2.840 kg. Vamos chegar a esse resultado utilizando a notação científica. Inicialmente, ambos os números estão em notação científica, no entanto, o primeiro tem ordem de grandeza igual a 3, e o segundo, ordem de grandeza igual a 2. Para realizar a operação de soma, podemos deixar ambas as potências de 10 com expoente 2. Veja:
>
> $(2{,}3 \cdot 10 \cdot 10^2 \text{ kg}) + (5{,}4 \cdot 10^2 \text{ kg}) =$
>
> $(23 \cdot 10^2 \text{ kg}) + (5{,}4 \cdot 10^2 \text{ kg}) =$
>
> Agora que as potências têm a mesma ordem de grandeza, podemos realizar a adição entre as mantissas:
>
> $23 \cdot 10^2 \text{ kg} + 5{,}4 \cdot 10^2 \text{ kg} = 28{,}4 \cdot 10^2 \text{ kg}$
>
> Note que o resultado não está expresso em notação científica, pois o número 28,4 não pertence ao intervalo]1, 10]. Entretanto, sabemos que 28,4 é igual a $2{,}84 \cdot 10$.

Assim:

$$2{,}84 \cdot 10 \cdot 10^2 \text{ kg} = 2{,}84 \cdot 10^3 \text{ kg}$$

Poderíamos também ter optado por deixar, já no início, ambas as potências de 10 com expoente 3. Veja:

$$(2{,}3 \cdot 10^3 \text{ kg}) + (0{,}54 \cdot 10^3 \text{ kg}) = 2{,}84 \cdot 10^3 \text{ kg}$$

Nesse caso, o resultado automaticamente já está expresso em notação científica.

Exemplo 3.4

Faça a subtração a seguir e expresse o resultado em notação científica:

$$(5{,}321354 \cdot 10^5 \text{ m}) - (4{,}8 \cdot 10^2 \text{ m}) =$$

Resolução:

Vamos deixar a segunda potência de 10 com expoente 5:

$$(5{,}321354 \cdot 10^5 \text{ m}) - (0{,}0048 \cdot 10^5 \text{ m}) =$$

Como as ordens de grandezas são iguais, podemos fazer a subtração:

$$(5{,}321354 \cdot 10^5 \text{ m}) - (0{,}0048 \cdot 10^5 \text{ m}) = 5{,}316554 \text{ m}$$

Na Seção 3.4 – Algarismos significativos –, veremos que, no caso do exemplo anterior, apresentar o resultado com tantas casas decimais não faz sentido.

- **Multiplicação e divisão** – As operações de multiplicação e divisão de números representados em notação científica são realizadas, simplesmente, pela multiplicação ou divisão das mantissas, concomitante à aplicação das regras de operações de potências de mesma base para as potências de 10. Vejamos os exemplos.

Análise dimensional e notação científica

Exemplo 3.5

Ao chutar uma bola, um jogador aplica sobre ela uma força de intensidade $F = 8{,}51 \cdot 10^2$ N em um intervalo de tempo estimado $t = 1{,}5 \cdot 10^{-1}$ s. Sendo assim, calcule a intensidade do impulso recebido pela bola, considerando que essa grandeza é obtida pelo produto entre a força que age sobre o objeto e o correspondente intervalo de tempo de interação, ou seja, $I = F \cdot \Delta t$.

Resolução:

Temos de multiplicar a intensidade da força pelo intervalo de tempo:

$I = (8{,}51 \cdot 10^2 \text{ N}) \cdot (1{,}5 \cdot 10^{-1} \text{ s})$

Assim:

$I = 12{,}765 \cdot 10^1$ N · s

O resultado ainda não está em notação científica, pois 12,765 é maior do que 10. Para chegar ao resultado, podemos multiplicar a mantissa pela razão $\frac{10}{10}$:

$I = \frac{12{,}765}{10} \cdot 10 \cdot 10^1$ N · s

$I = 1{,}2765 \cdot 10 \cdot 10^1$ N · s

Portanto:

$I = \mathbf{1{,}2765 \cdot 10^2}$ **N · s**

Na Seção 3.4, veremos que a forma correta de apresentar o resultado seria, nesse caso, com apenas uma casa decimal – ou seja, $I = 1{,}3 \cdot 10^2$ N · s.

3.4 Algarismos significativos

No processo para obtenção de uma medida, figuram os seguintes elementos: o **objeto** (grandeza física a ser medida), o **instrumento de medida** e o **experimentador**, que é o responsável pelas leituras do instrumento.

Suponha que queiramos medir o comprimento de um lápis com uma régua graduada em milímetros, como mostra a Figura 3.1.

Figura 3.1
Algarismos certos e duvidosos

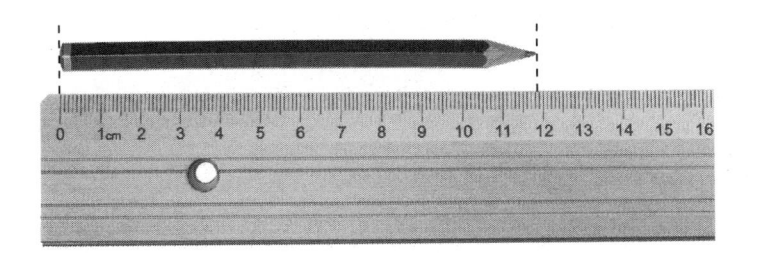

Nesse caso, o objeto é o lápis, o instrumento de medida é a régua e o experimentador é quem manuseia os dois para fazer a leitura da escala.

Pelo que conseguimos observar na Figura 3.1, o comprimento do lápis está entre 11,8 e 11,9 cm. Se olharmos com bastante atenção, perceberemos, ainda, que está mais próximo de 11,9 cm do que de 11,8 cm. Assim, podemos estimar que o comprimento do lápis é 11,87 cm, em que os três primeiros algarismos (11,8) são chamados de *algarismos certos*, e o último (7), de *duvidoso*.

Ao menor valor da escala de um instrumento de medida damos o nome de *natureza do instrumento*. No caso do nosso exemplo, a natureza da régua é de 1 mm. Geralmente, associa-se à leitura da medida um erro equivalente à metade da natureza do instrumento. Assim, podemos afirmar que o resultado da medida feita do lápis é 11,87 ± 0,05 cm, o que indica, com certeza, estar o seu comprimento entre 11,82 cm e 11,92 cm.

É importante notar que o resultado de uma medida automaticamente nos informa a natureza (ou escala) do instrumento utilizado. Quando escrevemos o resultado 11,87 cm, sinalizamos que a escala utilizada para medir o lápis está graduada em milímetros, pois o último algarismo certo está na casa dos décimos de centímetros, e o algarismo duvidoso, na casa dos centésimos de centímetros.

Note que podemos converter o resultado da medida para qualquer outra unidade equivalente sem que a quantidade de algarismos significativos do resultado seja alterada. Por exemplo, poderíamos escrever o resultado como 118,7 mm, ou 0,1187 m ou 0,0001187 km. Em todas essas formas de escrever, o resultado, a quantidade de algarismos significativos é quatro, sendo três certos e um duvidoso.

> Concluímos, portanto, que, ao realizar uma medição, o valor obtido (a medida) é representado por um número que contém uma quantidade fixa de algarismos significativos.

Outra observação importante é a de que a tentativa de se colocar qualquer outro algarismo depois do número 7 seria desprovida de significado, pois não teríamos base alguma para fazer tal estimativa.

Análise dimensional e notação científica

> **Exemplo 3.6**
>
> Explique a diferença entre as medidas de comprimento 5,7 cm e 5,70 cm.
>
> **Resolução:**
>
> No caso da medida 5,7 cm, a natureza do instrumento é de 1 cm, sendo o algarismo 7 uma estimativa (o algarismo duvidoso). Assim, atribuindo um erro equivalente à metade da natureza do instrumento, podemos afirmar, com certeza, que o comprimento do objeto medido está entre 5,2 cm e 6,2 cm. Já no caso da medida 5,70 cm, a natureza do instrumento é 1 mm, sendo o algarismo zero a estimativa (o algarismo duvidoso). Podemos afirmar, sem dúvida, que o comprimento do objeto está entre 5,65 cm e 5,75 cm.

3.4.1 Medidas diretas e indiretas

Os resultados de uma medida podem ser obtidos por medição direta ou indireta. Em uma **medida direta**, a escala do instrumento apresenta dimensões equivalentes à da grandeza que será medida, como um determinado comprimento medido com uma trena, uma massa medida com uma balança ou um intervalo de tempo medido com um cronômetro.

Por outro lado, **medir uma grandeza indiretamente** significa obter o resultado por meio de medidas de outras grandezas. Por exemplo: podemos obter a velocidade média de um móvel medindo o seu deslocamento com uma trena e dividindo o resultado pelo correspondente intervalo de tempo. Outros exemplos são as medidas de áreas e volumes com base nas medidas de dois ou mais comprimentos.

Tanto as medidas diretas como as indiretas trazem erros associados que podem ser classificados em dois tipos:

1. **Erros sistemáticos** – Os resultados das medições são sempre afetados da mesma forma, sendo provenientes de métodos inadequados, instrumentos imprecisos e/ou imperícia do experimentador.

2. **Erros acidentais** – Os resultados das medições são afetados de forma aleatória, sendo provenientes unicamente da pessoa que está realizando as medidas. Os principais erros acidentais que o experimentador realiza são devidos à leitura do valor da medida por estimativa e à paralaxe (aparente deslocamento de um objeto, causado pela posição do observador).

3.4.2 Operações com algarismos significativos

Em certas experiências, é comum termos de medir grandezas com instrumentos que têm precisões diferentes e, consequentemente, fornecem resultados com quantidades de algarismos significativos diferentes.

Por exemplo: suponha que medimos um dos lados da capa de um caderno retangular com uma régua graduada em centímetros (natureza igual a 1 cm) e o outro lado com uma régua graduada em milímetros (natureza 1 mm). Como resultado, encontramos os respectivos valores: l_1 = 23,4 cm e l_2 = 27,89 cm, conforme verificamos na Figura 3.2.

Figura 3.2
Perímetro e área de um caderno

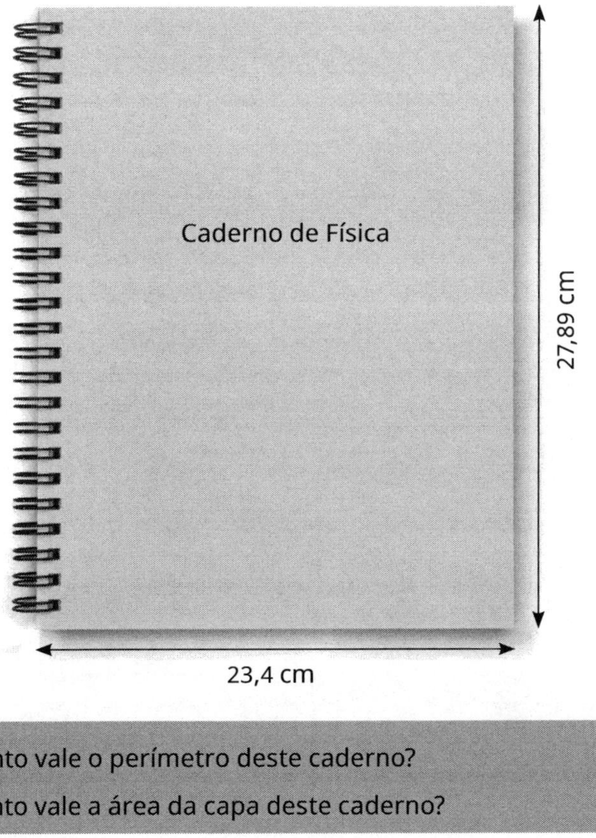

Crédito: Elaborado com base em Fotolia

Quanto vale o perímetro deste caderno?
Quanto vale a área da capa deste caderno?

As respostas a essas questões virão depois de abordarmos as quatro operações elementares com algarismos significativos.

3.4.2.1 Adição e subtração de algarismos significativos

Quando estamos trabalhando com algarismos significativos, em geral, adotamos a regra de que os resultados das operações de soma e subtração devem ser apresentados com o mesmo número de casas decimais da medida que contêm o menor número de casas decimais.

No caso do perímetro do caderno, o número de casas decimais do resultado não pode ultrapassar o número de casas decimais da medida realizada com a régua menos precisa. Dessa forma, somando todas as medidas, obtemos:

Análise dimensional e notação científica

```
    23,4
    23,4
    27,89
+   27,89
―――――――
   102,58
```

Note que sublinhamos os algarismos duvidosos de todas as medidas para mostrar que, quando eles participam da soma, o resultado também é um algarismo duvidoso, sendo também sublinhado. No entanto, na resposta estão aparecendo dois algarismos duvidosos, sendo que só podemos admitir um, o menos duvidoso, que nesse caso é o 5. Assim, desprezamos o algarismo 8 e, como ele é maior do que 5, arredondamos o resultado para cima. Ou seja, o número 102,58 cm está mais próximo de 102,6 cm do que de 102,5 cm (a Seção 3.4.2.2 – Critérios de arredondamento – explica melhor essa questão). Podemos, portanto, afirmar que o perímetro do caderno é de 102,6 cm, sendo os três primeiros algarismos certos e o último duvidoso.

3.4.2.2
Critérios de arredondamento

Existem **duas convenções** conhecidas como as mais comuns para arredondar resultados das operações realizadas com números provenientes de medidas de grandezas físicas. A **primeira** delas avalia se o algarismo imediatamente à direita do algarismo duvidoso é menor do que 5 ou, então, maior ou igual a 5. Caso seja menor do que 5, o algarismo duvidoso permanece o mesmo; se for maior ou igual a 5, o algarismo duvidoso é adicionado em uma unidade.

> **Exemplo 3.7**
>
> 2,4 kg + 6,73 kg = 9,13 kg = 9,1 kg
>
> 3,68 s – 1,0 s = 2,68 s = 2,7 s
>
> 2,763 m + 5,4 m – 1,61 m = 6,553 m = 6,6 m

A **segunda** convenção difere da primeira somente quando o algarismo imediatamente à direita do algarismo duvidoso for igual a 5. Nesse caso, se o algarismo duvidoso for par (vamos considerar o zero como par), ele deve permanecer inalterado. Porém, se o algarismo duvidoso for ímpar, ele deve ser aumentado em uma unidade.

> **Exemplo 3.8**
>
> 1,3514 g + 1,3 g = 2,6514 g = 2,6 g
>   ↓
>   par
>
> 10,67 km – 6,335 km = 4,335 = 4,34 km
>   ↓
>   ímpar

Neste livro, adotaremos a **primeira convenção** sempre que for necessário realizar arredondamentos.

3.4.2.3
Multiplicação e divisão de algarismos significativos

O resultado das operações de multiplicação e divisão deve ser arredondado para a mesma quantidade de algarismos significativos que a do fator que contém a menor quantidade de algarismos significativos. Assim, o resultado do cálculo da área da capa do caderno apresentado na Figura 3.2 não poderá ter mais do que três algarismos significativos, pois essa é a quantidade da medida mais "pobre" em algarismos significativos (23,4 cm).

Sabemos que a área de um retângulo é calculada multiplicando-se o lado maior pelo menor ou vice-versa. Vamos fazer essa multiplicação sublinhando os algarismos duvidosos de cada fator e os correspondentes algarismos que são "afetados" por eles:

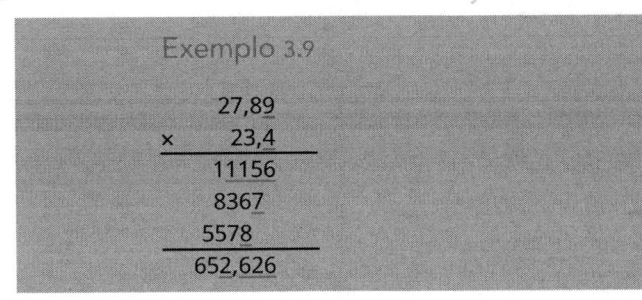

Exemplo 3.9

$$\begin{array}{r} 27,8\underline{9} \\ \times\ \ 23,\underline{4} \\ \hline 1115\underline{6} \\ 836\underline{7} \\ 557\underline{8} \\ \hline 65\underline{2,626} \end{array}$$

Quando os algarismos duvidosos participam da multiplicação, o resultado também é um algarismo duvidoso, sendo também sublinhado. No Exemplo 3.9, temos quatro algarismos duvidosos na resposta, sendo que o menos duvidoso é o primeiro 2 da esquerda para a direita. Assim, desprezamos os demais algarismos significativos e arredondamos o resultado para 653 cm², pois o segundo algarismo duvidoso é maior do que 5.

Questões para revisão

1. Na expressão $F = bx^2$, F representa força e x, deslocamento. Quais são as dimensões de b e as correspondentes unidades SI?

2. A equação horária de um corpo que se move com aceleração constante é $x = x_0 + v_0 t + \frac{at^2}{2}$, em que x é o deslocamento (em metros). Quais são as dimensões dos termos que figuram no segundo membro da equação?

3. O módulo do momento linear (p) de um corpo em relação a um referencial é obtido pelo produto da massa (m) do corpo pelo módulo de sua velocidade (v). Já o módulo do impulso (I) fornecido a um corpo é calculado pelo produto entre o módulo da força (F) que age sobre o objeto e o correspondente intervalo de tempo (t) de interação. Considere as seguintes informações:

Análise dimensional e notação científica

Grandeza física	Símbolo dimensional
Comprimento	L
Massa	M
Tempo	T
Momento linear	[p]
Impulso	[I]

Nesse sentido, podemos afirmar que:

a) [p] = [I] = MLT.
b) [p] = 1/[I] = M^{-1} LT.
c) [p] = [I] = M/LT.
d) [p] = [I] = MLT^{-1}.

4. Desenvolva as operações com os números em notação científica:

   a) $2,6 \cdot 10^2 \cdot 7,34 \cdot 10^8 =$
   b) $3,5 \cdot 10^3 + 1,1 \cdot 10^2 =$
   c) $4,3 \cdot 10^{-2} - 1 \cdot 10^0 =$
   d) $1,54 \cdot 10^4 \div 3,08 \cdot 10^4 =$

5. A massa de um átomo de urânio é $4,0 \cdot 10^{-26}$ kg. Quantos átomos existem em 20 g de urânio puro? Expresse o resultado em notação científica.

6. A massa do Sol é de aproximadamente $1,99 \cdot 10^{30}$ kg. A massa do átomo de hidrogênio, seu principal constituinte, é de $1,67 \cdot 10^{-27}$ kg. Sabendo que 72% dessa massa se deve ao elemento hidrogênio:

   a) estime a massa total de hidrogênio no Sol;
   b) estime o número de átomos de hidrogênio que há aproximadamente no Sol.

7. Carl Friedrich Gauss (1777–1855) propôs um modelo em que a forma da Terra é a de um geoide. No entanto, é comum considerar que a Terra é uma esfera de raio médio igual a $r = 6,37 \cdot 10^6$ m. Considerando esse último dado:

   a) estime a área superficial da Terra em quilômetros quadrados (km²) (a área de uma esfera é obtida pela equação $A = 4\pi r^2$);
   b) estime o volume da Terra em quilômetros cúbicos (km³) (o volume de uma esfera é obtido por $V = \frac{4}{3}\pi r^3$).

8. Em uma medida de laboratório, foram obtidos os seguintes valores: distância = 3,92 cm e temperatura = 34,2 °C. Qual é a natureza dos aparelhos utilizados?

9. Realize as seguintes operações, fornecendo como resposta o número correto de algarismos significativos:

   a) 5,002 m + 13,9 m + 0,875 m =
   b) 220 s − 12,57869 s =
   c) 9,81 m/s² · 5,2 kg =
   d) 3,29 m ÷ 0,5 s =

10. As medidas dos lados de um retângulo foram obtidas em laboratório por pessoas diferentes que utilizaram também aparelhos diferentes. Os resultados são os seguintes: $l_1 = 3,21$ m e $l_2 = 4,3$ m. Calcule o perímetro e a área do retângulo e apresente os resultados com o maior número de algarismos significativos.

4. Grandezas escalares e vetoriais

Grandezas escalares e vetoriais

Quando uma pessoa nos informa a temperatura ambiente, ela não precisa nos dizer a direção e o sentido do valor dessa temperatura. Basta simplesmente nos dizer que a temperatura está em "tantos" graus Celsius, ou Fahrenheit, ou Kelvin etc. O mesmo acontece quando medimos a massa de um objeto: somente precisamos informar o valor numérico da medida, seguido da correspondente unidade adotada. As grandezas físicas que ficam bem caracterizadas somente por um valor numérico (a sua intensidade ou módulo), acompanhado de uma unidade de medida, são chamadas de *grandezas físicas escalares*. Outros exemplos de grandezas escalares são: tempo, comprimento, área, volume, densidade, pressão, energia, entre outras.

No entanto, se alguém falar para você que estava no centro de um campo de futebol e que se deslocou por 30 m, você não saberá em que posição da circunferência descrita por um raio de 30 m a pessoa se encontra. Nesse caso, para que a posição da pessoa fique bem caracterizada, é preciso informar ainda a direção e o sentido do deslocamento. A Figura 4.1 ilustra tal ideia.

Figura 4.1
Possíveis deslocamentos em um raio de 30 m

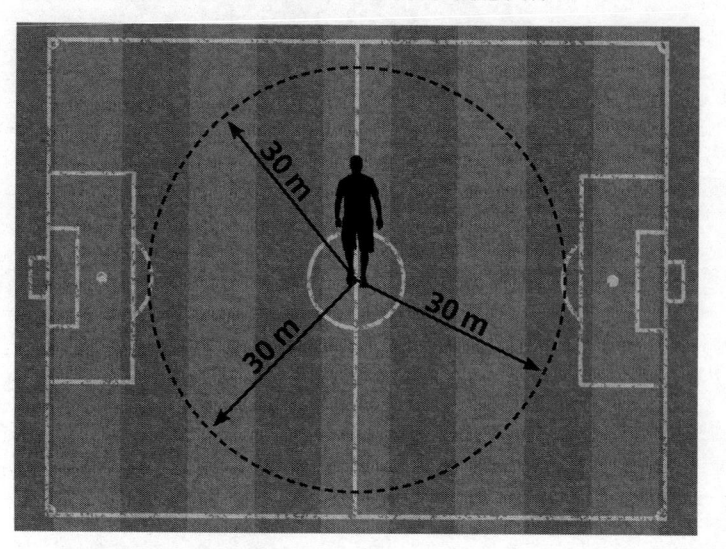

Crédito: Elaborado com base em Fotolia

As grandezas físicas que, além da intensidade e da unidade de medida, precisam de uma orientação espacial – ou seja, uma direção e um sentido – para ficarem bem caracterizadas, são chamadas de *grandezas físicas vetoriais*. Outros exemplos são: velocidade, aceleração, força, momento linear, torque, momento angular etc.

Para que as grandezas vetoriais fiquem bem caracterizadas após a realização de uma medida, comumente utilizamos o artifício matemático chamado *vetor*. Vejamos a seguir a representação dos vetores e algumas das operações que podem ser realizadas com eles.

4.1 Vetores

Um vetor é um ente matemático representado geometricamente por um segmento de reta orientado. O comprimento do vetor é proporcional à magnitude da grandeza física que ele está representando e a sua direção e o seu sentido devem ser obtidos tomando como base um sistema de referência.

A representação algébrica de um vetor pode ser feita por uma letra em itálico encimada por uma seta. Por exemplo: o vetor que se refere a uma força pode ser escrito como $\vec{F}$. Da mesma forma, o vetor que se refere a um deslocamento pode ser escrito como $\vec{d}$. Outra forma de representar vetores é negritando a letra que o representa. Neste livro, utilizaremos a primeira notação.

A seguir, temos a representação geométrica e algébrica dos vetores $\vec{a}$ e $\vec{b}$:

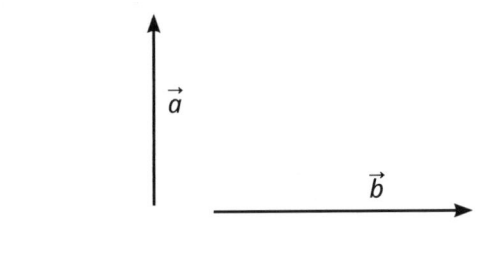

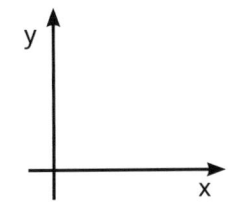

Suponha que esses vetores ($\vec{a}$ e $\vec{b}$) representem uma mesma grandeza física (por exemplo, ambos são vetores forças). Percebemos que a magnitude do vetor $\vec{b}$ é maior do que a do vetor $\vec{a}$ (ou seja, a intensidade da força representada pelo vetor $\vec{b}$ é maior do que a do vetor $\vec{a}$), pois o comprimento de $\vec{b}$ é maior que o de $\vec{a}$. Notamos também que o vetor $\vec{a}$ está na direção do eixo y, orientado para cima (sentido para cima), enquanto o vetor $\vec{b}$ está na direção do eixo x, orientado para a direita (sentido para direita).

No que diz respeito à magnitude, à direção e ao sentido, temos de considerá-los no momento que realizamos as operações com as grandezas vetoriais. Assim, a soma de dois vetores não é simplesmente igual à soma algébrica de seus módulos. Por exemplo: o resultado da soma de um vetor de 1 N com outro vetor de 1 N não é necessariamente igual a 2 N. Pode ser que seja 2 N, mas, para isso, os dois vetores precisariam ter a mesma direção e o mesmo sentido.

> **Lembre-se!**
> - **Soma aritmética** – Envolve números positivos.
> - **Soma algébrica** – Envolve números positivos e negativos.
> - **Soma vetorial** – Envolve o módulo, a direção e o sentido dos vetores.

Dois vetores têm a mesma direção se são paralelos a uma mesma reta suporte, e dois vetores tem o mesmo sentido se, além de estarem na mesma direção, tiverem a mesma orientação. O exemplo a seguir auxilia na compreensão da diferença entre direção e sentido:

Grandezas escalares e vetoriais

Diferença entre direção e sentido

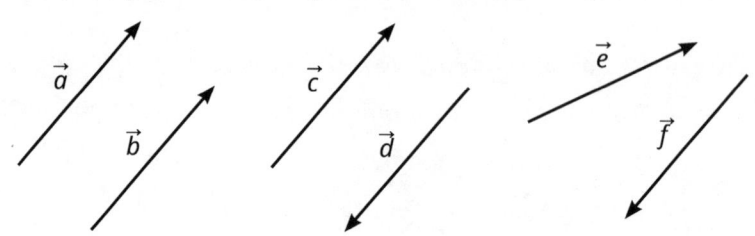

No exemplo, os vetores $\vec{a}$ e $\vec{b}$ têm a mesma direção e o mesmo sentido; os vetores $\vec{c}$ e $\vec{d}$ têm a mesma direção, mas sentidos opostos; e os vetores $\vec{e}$ e $\vec{f}$ têm direções diferentes e, nesse caso, não há como comparar seus sentidos.

A seguir, serão apresentadas algumas propriedades úteis no momento de realizar as operações de soma e subtração de vetores que representam a mesma grandeza e a multiplicação de um número ou uma grandeza escalar por uma grandeza vetorial.

4.1.1 Operações com vetores

Para somar geometricamente dois vetores, podemos colocar a origem do segundo na ponta do primeiro. O vetor resultante, ou vetor soma, tem magnitude proporcional ao comprimento que vai da origem do primeiro vetor até a ponta do segundo. Além disso, a ponta do vetor resultante coincide com a ponta do segundo vetor.

Já para subtrair geometricamente dois vetores, devemos fazer a origem do segundo coincidir com a origem do primeiro. O vetor resultante possui magnitude proporcional ao comprimento que vai da ponta do primeiro vetor até a ponta do segundo. É preciso observar que a ponta do vetor resultante coincide com a ponta do segundo vetor.

Vejamos a seguir algumas propriedades dos vetores que nos ajudarão a entender melhor as operações de soma e subtração vetorial.

4.1.1.1
Propriedades dos vetores

A propriedade **comutativa** afirma que, para quaisquer dos vetores $\vec{a}$ e $\vec{b}$, podemos escrever:

$$\vec{a} + \vec{b} = \vec{b} + \vec{a}$$

A propriedade comutativa pode ser facilmente verificada por meio do diagrama a seguir:

Propriedade comutativa

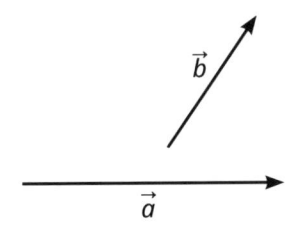

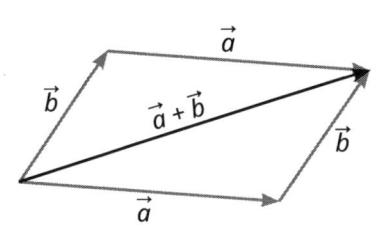

Se, em vez de somarmos dois vetores, estivermos somando três, constataremos outra propriedade bastante importante, chamada *associativa*, em que:

$$(\vec{a} + \vec{b}) + \vec{c} = \vec{a} + (\vec{b} + \vec{c})$$

Essa propriedade pode ser verificada por meio do diagrama a seguir:

Propriedade associativa

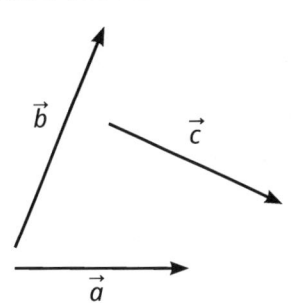

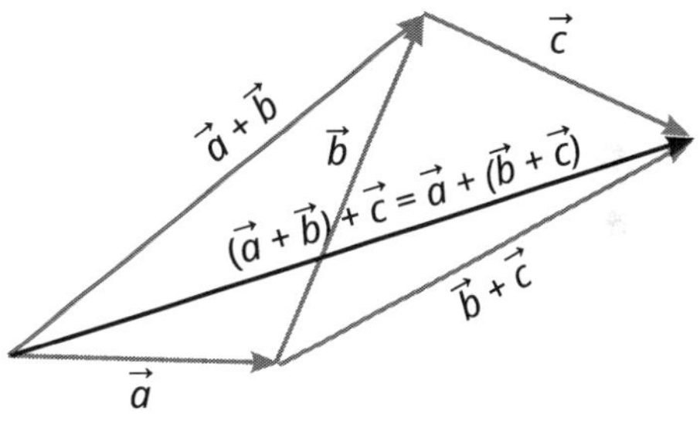

A terceira propriedade está relacionada à **existência do elemento neutro** da soma:

$$\vec{a} + 0 = \vec{a}$$

ou

$$0 + \vec{a} = \vec{a}$$

Precisamos considerar ainda a **existência do elemento inverso da soma**, sendo $-\vec{a}$, por exemplo, um vetor que tem a mesma magnitude, a mesma direção, mas sentido inverso ao do vetor $\vec{a}$. Concluímos, assim, que:

$$\vec{a} + (-\vec{a}) = 0$$

ou

$$\vec{a} - \vec{a} = 0$$

Grandezas escalares e vetoriais

Com base nessa propriedade, podemos estabelecer também a operação de subtração de vetores, representada por meio da equação e do diagrama a seguir:

$$\vec{a} + (-\vec{b}) = \vec{a} - \vec{b}$$

Subtração de vetores

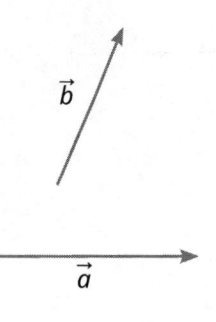

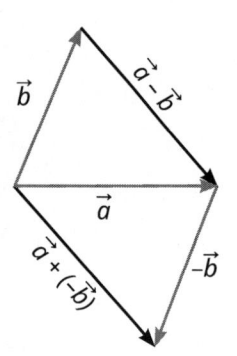

Note que a operação de subtrair o vetor $\vec{a}$ do vetor $\vec{b}$ coincide com somar o vetor $\vec{a}$ com o inverso do vetor $\vec{b}$. As operações de **soma** e **subtração** estão sintetizadas a seguir, na Figura 4.2.

Figura 4.2
Operações de soma e subtração de vetores

Soma	Subtração
$\vec{a}+\vec{b}=\vec{c}$	$\vec{a}-\vec{b}=\vec{d}$

Note que, no caso da soma de dois vetores, a origem do vetor resultante está na origem do primeiro vetor, e a sua ponta coincide com a ponta do segundo vetor. Já no caso da subtração de dois vetores, a origem do vetor resultante está na ponta do segundo vetor, e a sua ponta coincide com a ponta do primeiro vetor.

No estudo da mecânica, vamos realizar operações com vetores deslocamento, velocidade, força, aceleração, torque, momento linear, momento angular, impulso, entre outros.

Vejamos a seguir alguns exemplos em que podemos aplicar as propriedades apresentadas.

Exemplo 4.1

Veja os vetores $\vec{F}_1$ e $\vec{F}_2$ a seguir:

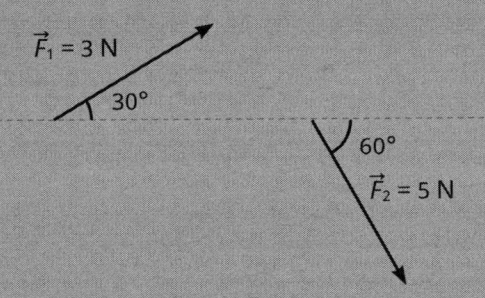

$\vec{F}_1 = 3\,N$, 30°

60°, $\vec{F}_2 = 5\,N$

Agora, realize geometricamente as seguintes somas:

a. $\vec{F}_1 + \vec{F}_2$
b. $\vec{F}_2 + \vec{F}_1$

Resolução:

a. Suponha que o comprimento do vetor $\vec{F}_1$ é 3 cm e o do vetor $\vec{F}_2$ é 5 cm. Com um jogo de esquadros, é possível transportar o vetor $\vec{F}_2$ de modo que sua origem coincida com a ponta do vetor $\vec{F}_1$. O vetor resultante terá magnitude proporcional ao comprimento, que vai da origem de $\vec{F}_1$ até a ponta de $\vec{F}_2$.

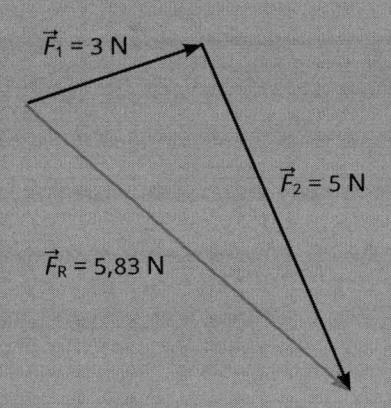

$\vec{F}_1 = 3\,N$

$\vec{F}_2 = 5\,N$

$\vec{F}_R = 5{,}83\,N$

Note que a origem de $\vec{F}_R$ coincide com a origem de $\vec{F}_1$, e a ponta de $\vec{F}_R$ coincide com a ponta de $\vec{F}_2$.

Grandezas escalares e vetoriais

b. Nesse caso, a origem do vetor $\vec{F}_1$ deve ser transportada até a ponta do vetor $\vec{F}_2$.

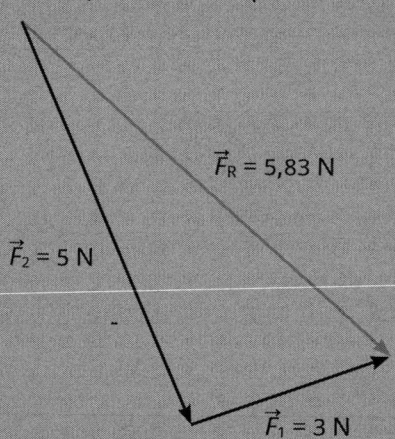

$\vec{F}_R = 5,83$ N

$\vec{F}_2 = 5$ N

$\vec{F}_1 = 3$ N

Perceba que, no exemplo, a magnitude, a direção e o sentido dos vetores resultantes são iguais. Assim, podemos dizer que:

$$\vec{F}_1 + \vec{F}_2 = \vec{F}_2 + \vec{F}_1$$

Exemplo 4.2

A velocidade de um corpo é uma grandeza vetorial que varia de acordo com a resultante das forças que atuam sobre ele. A forma mais simples de calcular a variação da velocidade de um corpo é fazer a subtração entre o vetor velocidade final e o vetor velocidade inicial, ou seja:

$$\Delta \vec{v}_1 = \vec{v} - \vec{v}_0$$

Dados os vetores velocidades na figura a seguir, calcule a variação da velocidade.

$\vec{v_0} = 5$ m/s

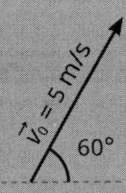

60°

90°

$\vec{v} = 8$ m/s

Resolução:

Da mesma forma que fizemos no exemplo anterior, vamos supor que o comprimento do vetor $\vec{v_0}$ é 5 cm e o do vetor $\vec{v}$ é 8 cm. Com o auxílio de um jogo de esquadros, transportamos o vetor $\vec{v}$ de modo que sua origem coincida com a origem do vetor $\vec{v_0}$. O vetor resultante terá magnitude proporcional ao comprimento que vai da ponta de $\vec{v_0}$ até a ponta de $\vec{v}$. Note que a origem de $\Delta\vec{v}$ coincide com a ponta de $\vec{v_0}$, e a ponta de $\Delta\vec{v}$ coincide com a ponta de $\vec{v_0}$.

$\vec{v_0} = 5$ m/s

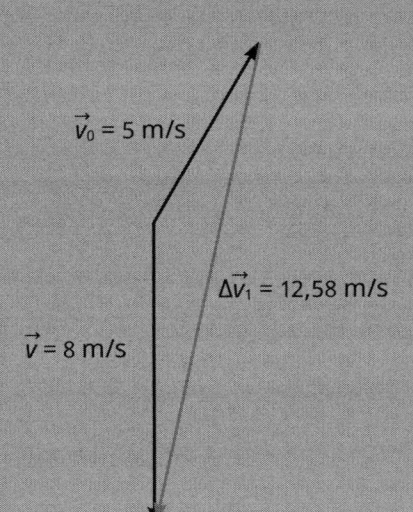

$\Delta\vec{v_1} = 12{,}58$ m/s

$\vec{v} = 8$ m/s

Grandezas escalares e vetoriais

Outra forma de somar ou subtrair geometricamente vetores é por meio do **método do paralelogramo**, que consiste em transportar as origens dos vetores para um ponto coincidente e, em seguida, construir um paralelogramo. Vamos somar os vetores aceleração representados utilizando o método do paralelogramo.

> Um paralelogramo é um polígono de quatro lados (quadrilátero) cujos lados opostos têm comprimentos iguais e paralelos. O quadrado, o retângulo e o losango são paralelogramos notáveis.

Primeiramente, temos de transportar os vetores de modo que suas origens coincidam, como observamos a seguir:

Soma pelo método do paralelogramo (passo 1)

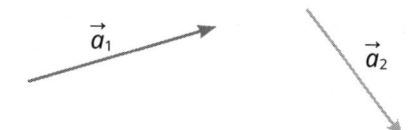

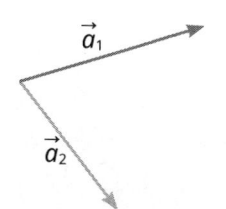

Soma pelo método do paralelogramo (passo 2)

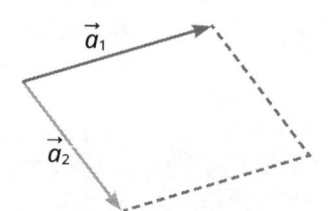

Em seguida, traçamos linhas paralelas aos dois vetores.

O vetor soma, ou vetor resultante, terá origem coincidente com a origem dos outros vetores, e sua ponta estará na interseção das duas linhas paralelas, conforme o terceiro passo ilustrado a seguir:

Soma pelo método do paralelogramo (passo 3)

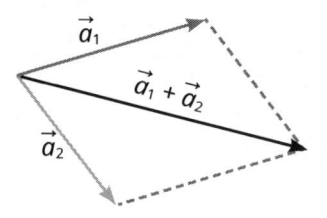

Note que, se tivéssemos transportado o vetor $\vec{a}_2$ para a ponta do vetor $\vec{a}_1$, teríamos o mesmo vetor resultante, mostrando que os dois métodos geométricos apresentados até o momento são equivalentes.

Equivalência dos métodos geométricos (soma)

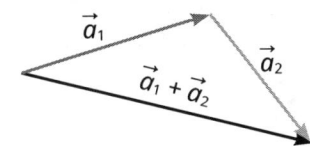

Para subtrair os vetores utilizando o método do paralelogramo, ou seja, realizando a operação $\vec{a}_1 - \vec{a}_2$, devemos proceder da mesma forma que na operação de soma, lembrando que é necessário inverter o sentido do segundo vetor.

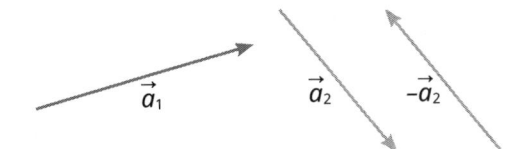

Na sequência, transportamos os vetores para um ponto em que as suas origens coincidam:

Subtração pelo método do paralelogramo (passo 1)

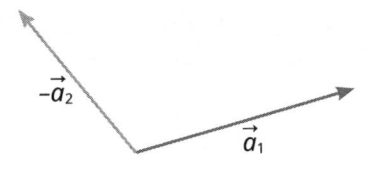

Em seguida, traçamos as retas paralelas a cada um deles:

Subtração pelo método do paralelogramo (passo 2)

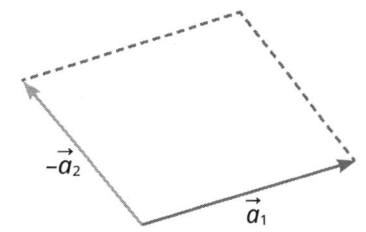

Por fim, traçamos o vetor resultante, conforme ilustrado a seguir:

Subtração pelo método do paralelogramo (passo 3)

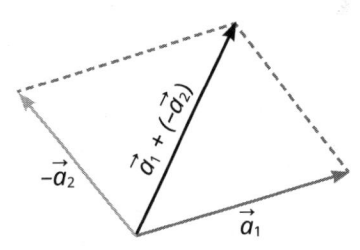

Observe que, se tivéssemos transportado o vetor $-\vec{a}_2$ para a origem do vetor $\vec{a}_1$, obteríamos o mesmo vetor resultante.

Equivalência dos métodos geométricos (subtração)

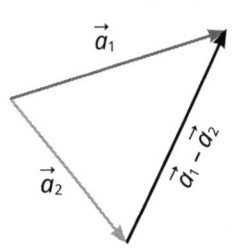

Grandezas escalares e vetoriais

Exemplo 4.3

A velocidade de um avião em relação ao ar parado é dada pelo vetor $\vec{v}_A$ e a velocidade do ar em relação ao solo é dada pelo vetor $\vec{v}_b$. Sabendo que a velocidade do avião em relação ao solo ($\vec{v}_c$) é obtida pela soma $\vec{v}_A + \vec{v}_b$, utilize o método do paralelogramo para indicar geometricamente a direção do avião.

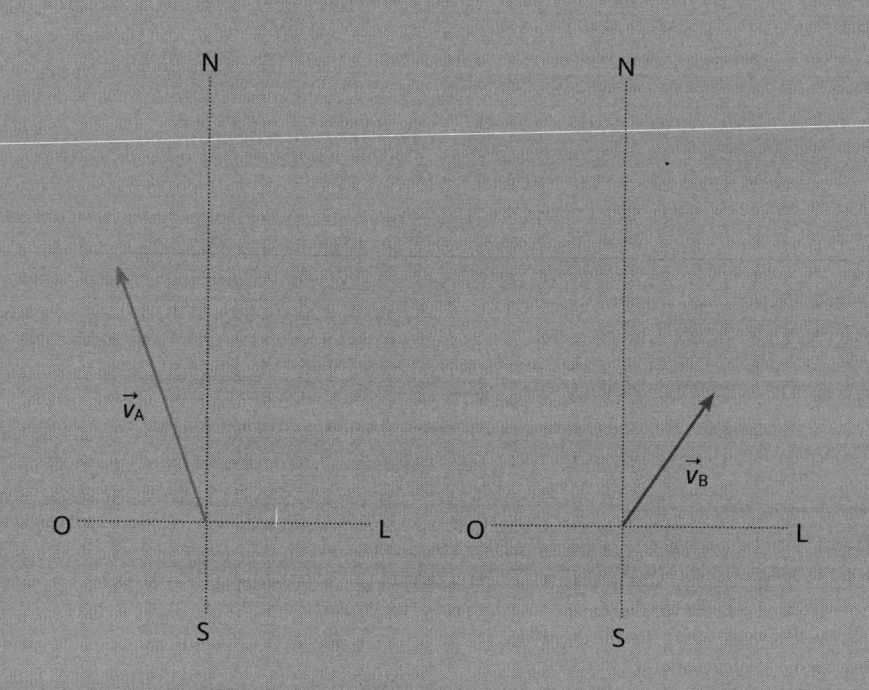

Resolução:

Primeiramente, vamos transportar os vetores de modo que suas origens coincidam:

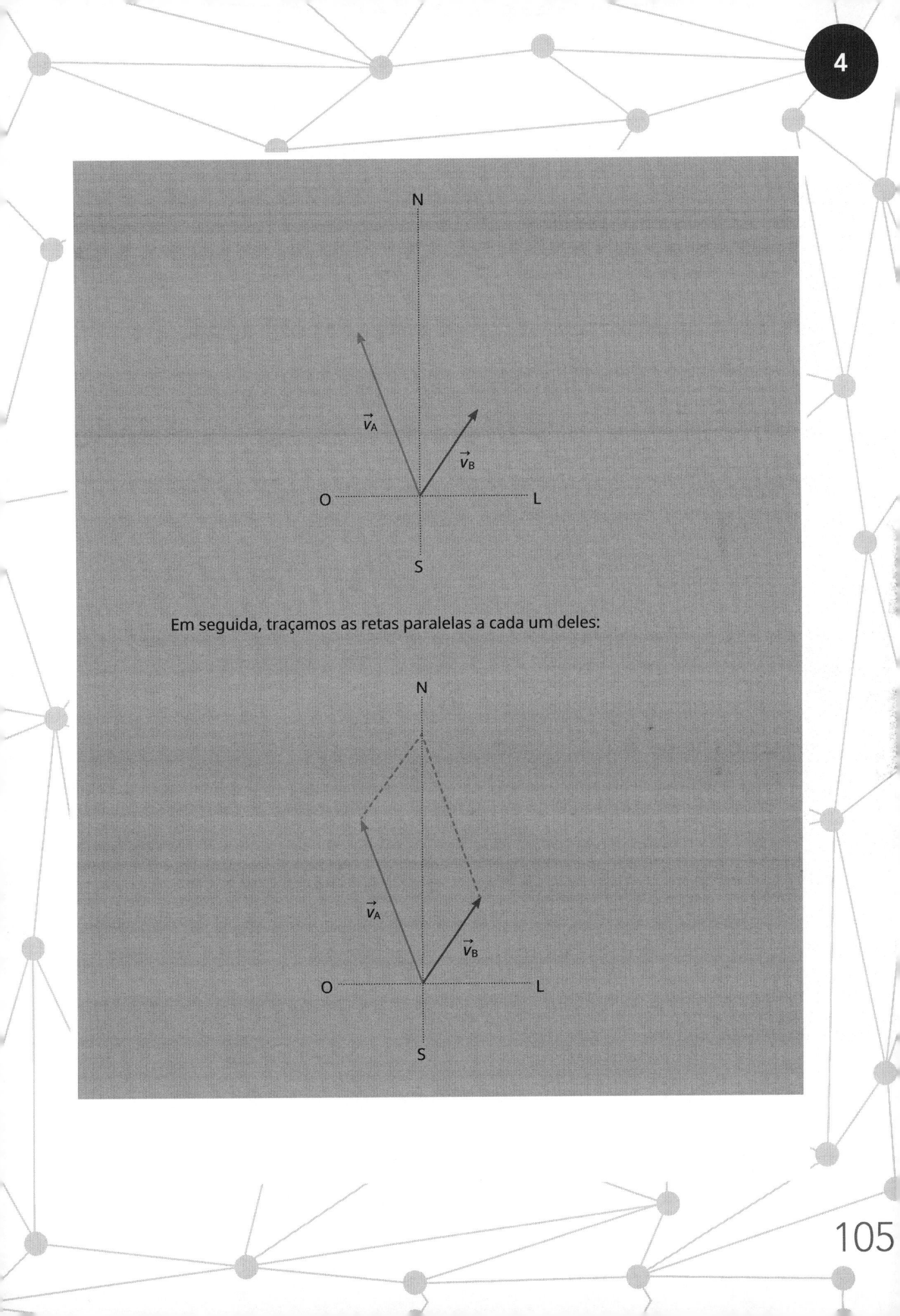

Em seguida, traçamos as retas paralelas a cada um deles:

Grandezas escalares e vetoriais

Por fim, traçamos o vetor soma ($\vec{v}_C$), ou vetor resultante:

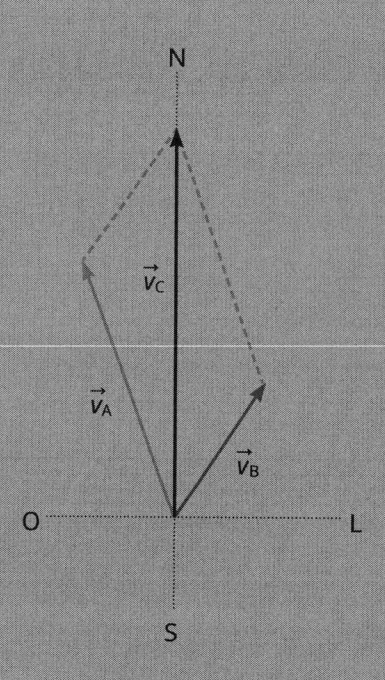

Concluímos, assim, que o avião voa com velocidade do Sul para o Norte.

Exemplo 4.4

O deslocamento ($\Delta \vec{d}$) de um corpo é calculado pela diferença entre a sua posição final ($\vec{d}$) e a sua posição inicial ($\vec{d}_0$). Dados os vetores a seguir:

a. utilize o método do paralelogramo para calcular o vetor deslocamento;
b. verifique se o deslocamento do corpo foi maior ou menor que a distância inicial calculada entre o corpo e a origem.

Resolução:

a. Pela definição de deslocamento de um corpo, temos de realizar a seguinte operação vetorial:

$$\Delta \vec{d} = \vec{d} - \vec{d}_0$$

Primeiramente, invertemos o vetor posição inicial e o transportamos para a origem do vetor posição final:

Em seguida, traçamos as retas paralelas a esses vetores e, por fim, o vetor resultante (vetor deslocamento):

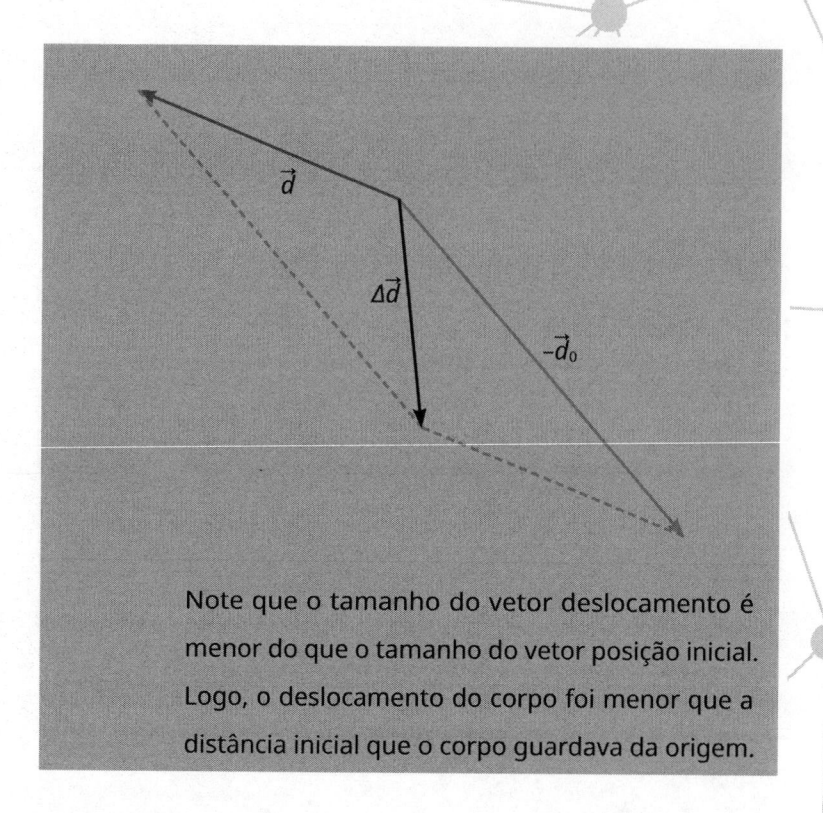

Grandezas escalares e vetoriais

Note que o tamanho do vetor deslocamento é menor do que o tamanho do vetor posição inicial. Logo, o deslocamento do corpo foi menor que a distância inicial que o corpo guardava da origem.

4.1.1.2
Multiplicação de um vetor por um escalar

A multiplicação de um vetor $\vec{a}$ por um escalar b pode ser interpretada como a dilatação ou contração do vetor $\vec{a}$. Essa operação apresenta as seguintes características:

- O vetor resultante $\vec{c} = b\vec{a}$, necessariamente, tem a mesma direção do vetor $\vec{a}$.
- Se b > 0, o vetor resultante $\vec{c} = b\vec{a}$ terá o mesmo sentido do vetor $\vec{a}$.
- Se b < 0, o vetor resultante $\vec{c} = b\vec{a}$ terá sentido oposto ao do vetor $\vec{a}$.
- Quando $0 < |b| < 1$, o vetor resultante $\vec{c} = b\vec{a}$ tem magnitude menor que a do vetor $\vec{a}$.

Multiplicação de um vetor por um escalar b, sendo 0 < |b| < 1

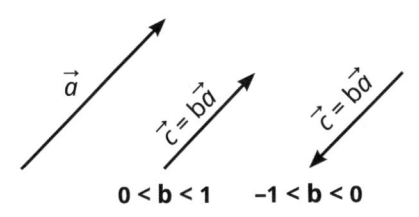

$\vec{a}$ $\vec{c} = b\vec{a}$ $\vec{c} = b\vec{a}$

0 < b < 1   −1 < b < 0

5. Quando |b| = 1, o vetor $\vec{c} = b\vec{a}$ resultante tem magnitude igual ao do vetor $\vec{a}$.

Multiplicação de um vetor por um escalar b, sendo |b| = 1

$\vec{a}$ $\vec{c} = b\vec{a}$ $\vec{c} = b\vec{a}$

b = 1   b = −1

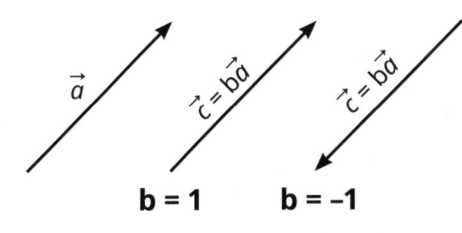

6. Quando |b| > 1, o vetor $\vec{c} = b\vec{a}$ resultante tem mesma direção e magnitude maior que a do vetor $\vec{a}$.

Multiplicação de um vetor por um escalar b, sendo |b| > 1

$\vec{a}$ $\vec{c} = b\vec{a}$ $\vec{c} = b\vec{a}$

b > 1   b < −1

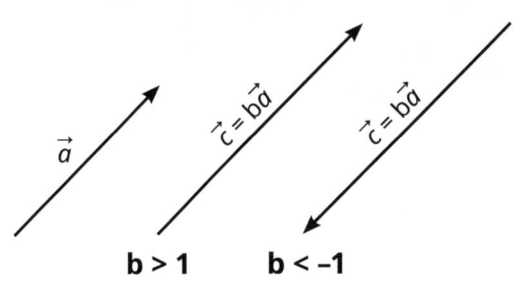

7. Se b = 0, o vetor $\vec{c} = b\vec{a}$ será um vetor nulo.

Nas operações de multiplicação de escalares por vetores, são válidas as propriedades associativa e distributiva.

- **Propriedade associativa** – Para quaisquer escalares b e d e para qualquer vetor $\vec{a}$, temos:

$$b(d\vec{a}) = (bd)\vec{a}$$

- **Propriedade distributiva** – Para quaisquer escalares b e d e para quaisquer vetores $\vec{a}$ e $\vec{c}$, temos:

$$b(\vec{a} + \vec{c}) = b\vec{a} + b\vec{c}$$

e

$$(b + d)\vec{a} = b\vec{a} + d\vec{a}$$

Na seção seguinte, introduziremos um sistema de coordenadas retangulares e verificaremos que essas propriedades são facilmente observadas.

Grandezas escalares e vetoriais

Exemplo 4.5

O vetor $\vec{F}$ representa a resultante das forças que agem sobre o corpo de massa m em um instante inicial qualquer. A partir de um dado instante, a força $\vec{F}$ é triplicada. Represente o vetor resultante.

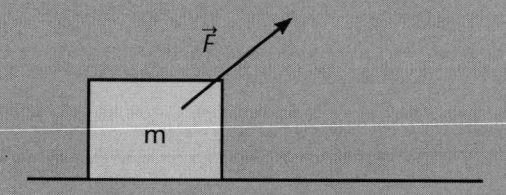

Resolução:

O vetor que representa a força resultante final terá a mesma direção, o mesmo sentido e o triplo da magnitude do vetor que representa a força resultante inicial (lembre-se: o comprimento de um vetor é proporcional a sua magnitude). Assim, o vetor final terá o triplo do comprimento do vetor inicial, conforme ilustrado a seguir:

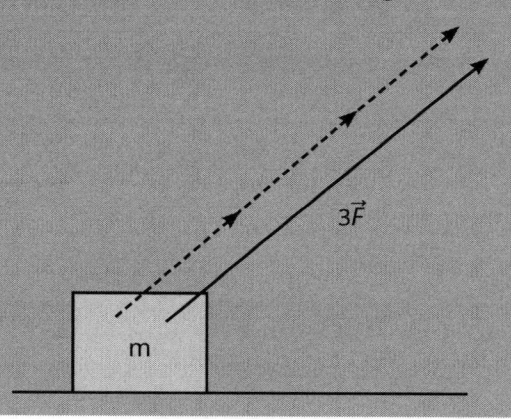

Exemplo 4.6

O momento linear ($\vec{p}$) de uma partícula é definido como o produto entre a sua massa (m) e a sua velocidade ($\vec{v}$). Suponha que, em determinado instante, uma partícula de massa m = 8 g apresente velocidade $\vec{v}$ = 720 km/h. Calcule o seu momento linear em unidades do Sistema Internacional de Unidades (SI).

Resolução:

Pela definição dada no enunciado de momento linear, temos:

$$\vec{p} = m \cdot \vec{v}$$

Note que estamos multiplicando uma grandeza escalar (a massa) por uma grandeza vetorial (a velocidade):

$$\vec{p} = 8\,g \cdot 720\,km/h$$

Vamos transformar as unidades para o padrão SI, sabendo que a unidade SI de massa é o quilograma (kg) e a de velocidade é o metro por segundo (m/s):

$$\vec{p} = 8\,g \cdot \frac{1\,kg}{1000\,g} \cdot \frac{720\,km}{h} \cdot \frac{1000\,m}{1\,km} \cdot \frac{1\,h}{3600\,s}$$

Realizando as simplificações possíveis, obtemos o valor do momento linear:

$$\vec{p} = 1{,}6\,kg\,m/s$$

A unidade quilograma metro por segundo (kg m/s) é a unidade de momento linear no SI. É importante ressaltarmos que o vetor $\vec{p}$ tem a mesma direção e mesmo sentido do vetor $\vec{v}$.

4.1.2 Componentes de um vetor

Uma forma simples e usual de realizar operações com vetores requer o uso da álgebra e a representação desses vetores em um sistema de coordenadas retangulares.

Inicialmente, vamos estabelecer um sistema de coordenadas retangulares no plano x e y, ou seja, um sistema de coordenadas bidimensional, representado a seguir:

Grandezas escalares e vetoriais

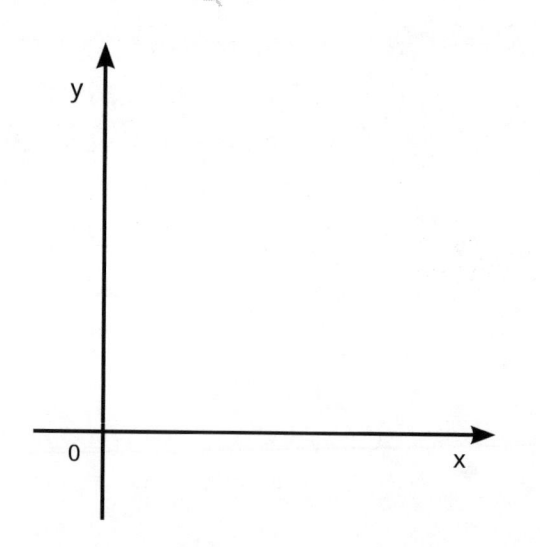

A origem do sistema retangular é o lugar geométrico no qual os eixos x e y se cruzam.

Na representação a seguir, introduzimos no nosso sistema de coordenadas um vetor $\vec{F}$ qualquer:

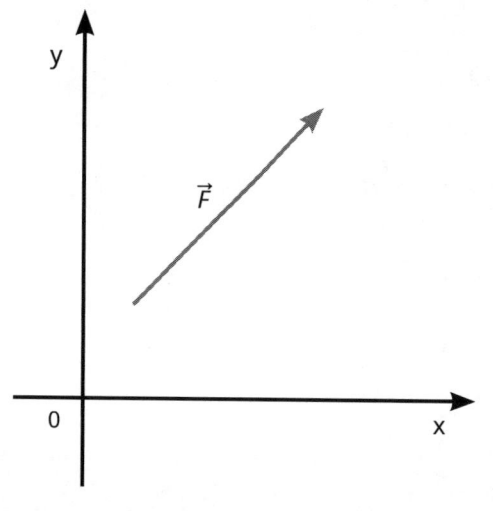

O vetor $\vec{F}$ pode ser decomposto em suas componentes retangulares. Para isso, precisamos conhecer o ângulo que ele forma com o eixo horizontal ou, então, com o eixo vertical. De modo geral, é fornecido o ângulo entre o vetor e o eixo horizontal (nesse caso, entre o vetor e o eixo x).

> Decompor um vetor significa obter suas componentes retangulares.

A projeção do vetor sobre os eixos nos fornecem suas componentes. A componente $\vec{F}_x$ é a projeção do vetor $\vec{F}$ na direção x. Já a componente $\vec{F}_y$ é a projeção $\vec{F}$ do vetor na direção y.

A seguir, apresentamos o vetor $\vec{F}$ decomposto em suas componentes retangulares $\vec{F}_x$ e $\vec{F}_y$:

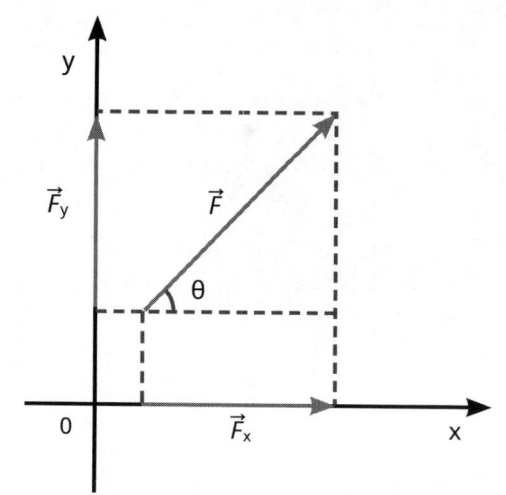

Perceba que essa figura apresenta um triângulo retângulo, sendo θ o ângulo que o vetor forma com o eixo x. O módulo da componente $\vec{F}_x$ é numericamente igual ao cateto adjacente ao ângulo θ, e o módulo da componente

$\vec{F}_y$ é numericamente igual ao cateto oposto ao ângulo θ. O resultado – um triângulo retângulo formado pelo vetor $\vec{F}$ e seus componentes – está ilustrado a seguir:

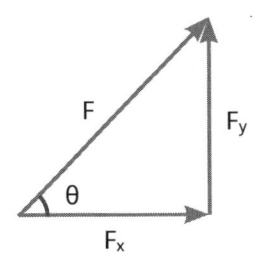

Considerando essas constatações, podemos utilizar as razões trigonométricas para relacionar o vetor com as suas componentes.

$$\cos \theta = \frac{F_x}{F} \rightarrow F_x = F \cos \theta$$

$$\sin \theta = \frac{F_y}{F} \rightarrow F_y = F \sin \theta$$

Lembre-se!

Em um triângulo retângulo, valem as seguintes razões:

$$\cos \theta = \frac{\text{cateto adjacente}}{\text{hipotenusa}}$$

$$\text{sen } \theta = \frac{\text{cateto oposto}}{\text{hipotenusa}}$$

$$\tan \theta = \frac{\text{cateto oposto}}{\text{cateto adjacente}}$$

Caso você conheça somente as componentes do vetor, o ângulo que ele forma com a horizontal pode ser calculado pela razão trigonométrica tangente:

$$\tan \theta = \frac{F_y}{F_x}$$

Note também que o módulo do vetor está relacionado com suas componentes F_x e F_y e pelo teorema de Pitágoras, representado na sequência:

$$F^2 = F_x^2 + F_y^2$$

Ou de forma equivalente:

$$F = \sqrt{F_x^2 + F_y^2}$$

Teorema de Pitágoras

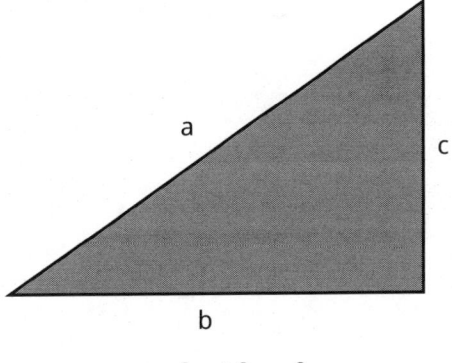

$$a^2 = b^2 + c^2$$

Vejamos os exemplos a seguir.

Grandezas escalares e vetoriais

Exemplo 4.7

O vetor $\vec{F}$ tem módulo igual a 3 N e forma um ângulo $\theta = 30°$ com a horizontal. Estabeleça um sistema de coordenadas retangulares de forma que um dos eixos seja paralelo à superfície. Em seguida, decomponha o vetor em suas componentes.

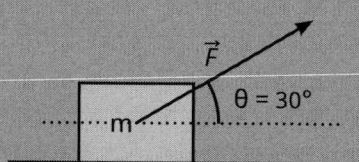

Resolução:

Vamos estabelecer um sistema de coordenadas retangulares e fazer a origem do vetor coincidir com a origem desse sistema. Observe a representação a seguir:

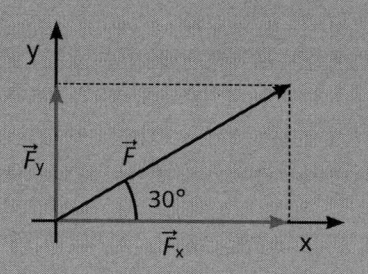

Sabemos que:

$F_x = F \cos \theta$

E que:

$F_y = F \sen \theta$

Assim:

$F_x = 3 \text{ N} \cos 30° = \mathbf{2,6 \text{ N}}$

$F_y = 3 \text{ N} \sen 30° = \mathbf{1,5 \text{ N}}$

Note que podemos utilizar o teorema de Pitágoras para verificar se fizemos a decomposição do vetor do exemplo anterior corretamente. Veja:

$$F = \sqrt{F_x^2 + F_x^2}$$
$$F = \sqrt{2,6^2 + 1,5^2}$$
$$F = \sqrt{6,76 + 2,25} = \sqrt{9,01} = 3\ N$$

É válido também destacar que vetores com a mesma magnitude e orientação e o mesmo sentido que as componentes do vetor $\vec{F}$ produzem sobre um corpo o mesmo efeito que a força representada pelo vetor $\vec{F}$.

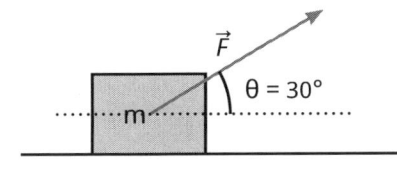

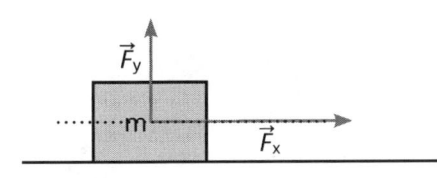

As forças $\vec{F}_x$ e $\vec{F}_y$ (forças com módulos iguais às componentes do vetor $\vec{F}$) produzem o mesmo efeito sobre a massa m que a força $\vec{F}$ quando aplicada, formando um ângulo de 30° com a horizontal.

Exemplo 4.8

As componentes do vetor $\vec{v}$ são $v_x = 10$ m/s e $v_y = 25$ m/s. Calcule a magnitude e a orientação do vetor $\vec{v}$.

Resolução:

Primeiramente, vamos esboçar em um sistema de coordenadas retangulares o vetor $\vec{v}$ e suas componentes:

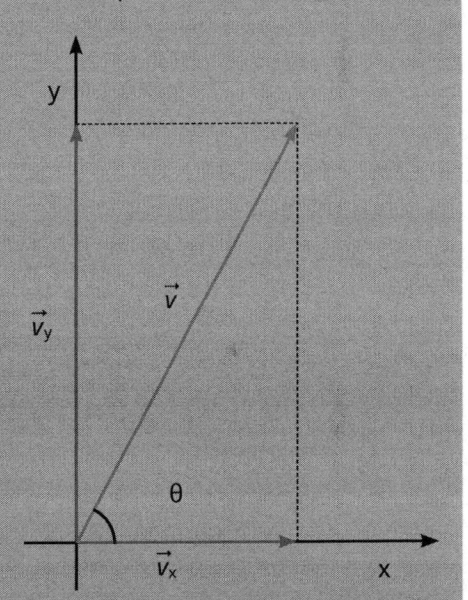

A magnitude do vetor $\vec{v}$ pode ser calculada pelo teorema de Pitágoras:

$$v^2 = v_x^2 + v_y^2$$

$$v = \sqrt{v_x^2 + v_y^2}$$

$$v = \sqrt{10^2 + 25^2} = 26,9\ N$$

Grandezas escalares e vetoriais

A orientação do vetor pode ser calculada utilizando a razão trigonométrica tangente:

$$\tan \theta = \frac{25}{10} = 2,5$$

Para conhecer o ângulo, basta utilizar a razão trigonométrica inversa da tangente:

$$\arctan 2,5 = 68,2°$$

4.1.3 Vetores unitários

Para introduzir a ideia de vetores unitários, vamos primeiramente imaginar um sistema de coordenadas retangulares tridimensional na sala de aula, conforme mostra a Figura 4.3 a seguir.

Figura 4.3
Sistema de coordenadas retangulares tridimensional em uma sala de aula

Crédito: Elaborado com base em Fotolia

Os eixos x, y e z formam 90° entre si. A origem do sistema retangular é o lugar geométrico em que os três eixos se cruzam. O eixo x está na base da parede lateral que contém as janelas, o eixo y está na base da parede que contém o quadro-negro e o eixo z está localizado no encontro das duas paredes. Chamamos de *vetores unitários* ($\hat{i}$, $\hat{j}$ e $\hat{k}$) aqueles que têm módulos iguais a 1 e que estão nas direções dos eixos x, y e z, respectivamente.

Os vetores unitários são adimensionais, ou seja, não têm dimensões e, consequentemente, não têm unidades de medidas. Eles exercem única e exclusivamente a função de especificar uma orientação. Para distingui-los dos demais vetores, é usual substituir a seta encimada, característica da simbologia dos vetores, pelo sinal equivalente a um acento circunflexo ("^").

Ao trabalhar com vetores unitários, exprimimos os vetores que representam as grandezas vetoriais decompostos em suas componentes. Por exemplo:

- A posição de um objeto pode ser dada por:

$$\vec{r} = x_{\hat{i}} + y_{\hat{j}} + z_{\hat{k}}$$

- A velocidade de um móvel pode ser dada por:

$$\vec{v} = v_{x,\hat{i}} + v_{y,\hat{j}} + v_{z,\hat{k}}$$

- A força resultante aplicada em um corpo pode ser dada por:

$$\vec{F}_{res} = F_{x,\hat{i}} + F_{y,\hat{j}} + F_{z,\hat{k}}$$

Voltando ao exemplo da sala de aula, suponha que queiramos localizar a mesa que está na posição x = 3 m e y = 2 m. O vetor que localiza a mesa (vetor posição) é dado por $\vec{r}_m = (3\ m)_{\hat{i}} + (2\ m)_{\hat{j}}$ e sua representação geométrica aparece na Figura 4.4 a seguir.

Grandezas escalares e vetoriais

Figura 4.4
Localização da mesa que está na posição x = 3 m e y = 2 m

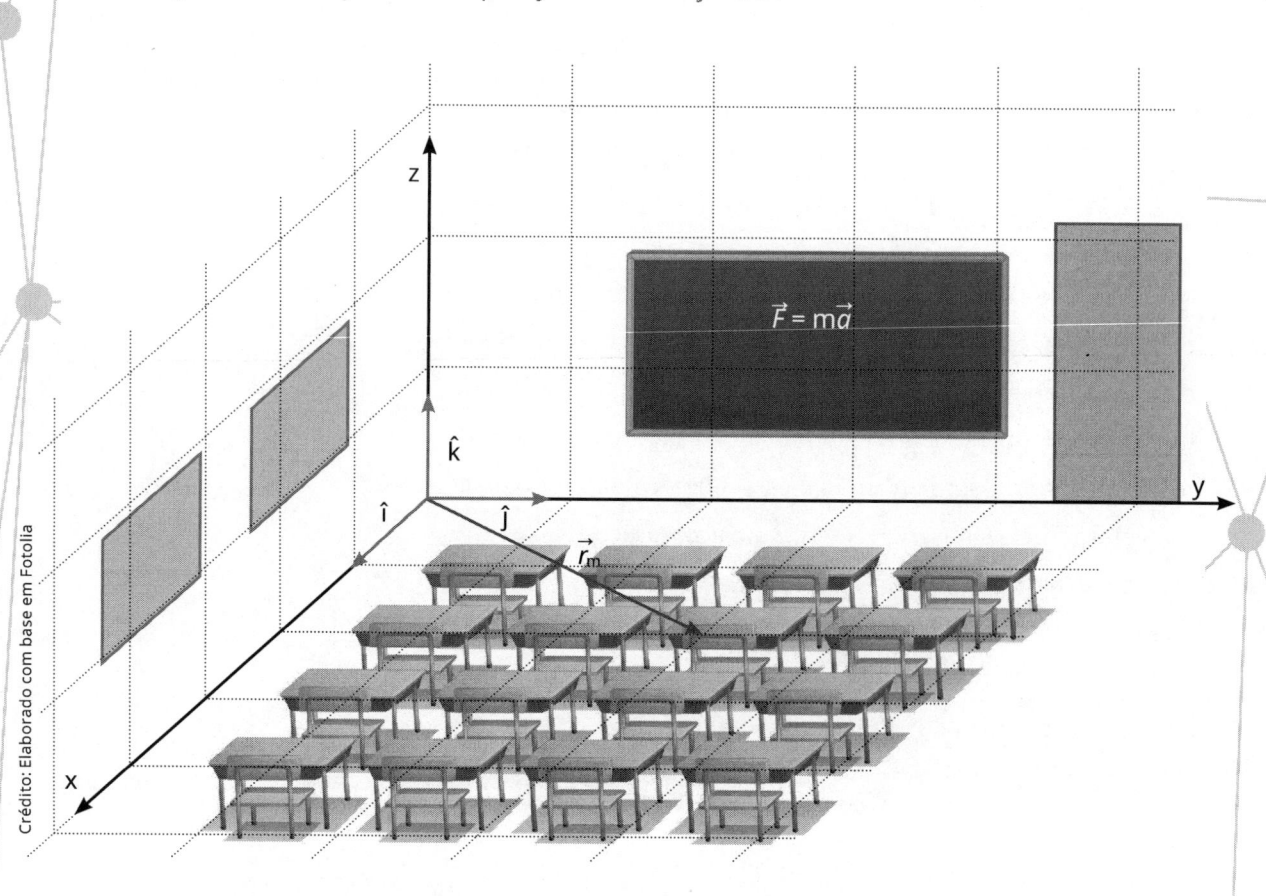

Agora, imagine que queiramos determinar o vetor posição de uma lâmpada que está localizada a 2,5 m acima dessa mesa. Para isso, devemos introduzir uma terceira componente ao vetor posição. Veja:

$$\vec{r}_L = (2\ m)\hat{i} + (3\ m)\hat{j} + (2,5\ m)\hat{k}$$

A posição da lâmpada está representada na Figura 4.5 a seguir pelo vetor $\vec{r}_L$:

Figura 4.5
Localização da lâmpada que está na posição $\vec{r}_L = (2\ m)\hat{i} = (3\ m)\hat{j} = (2,5\ m)\hat{k}$

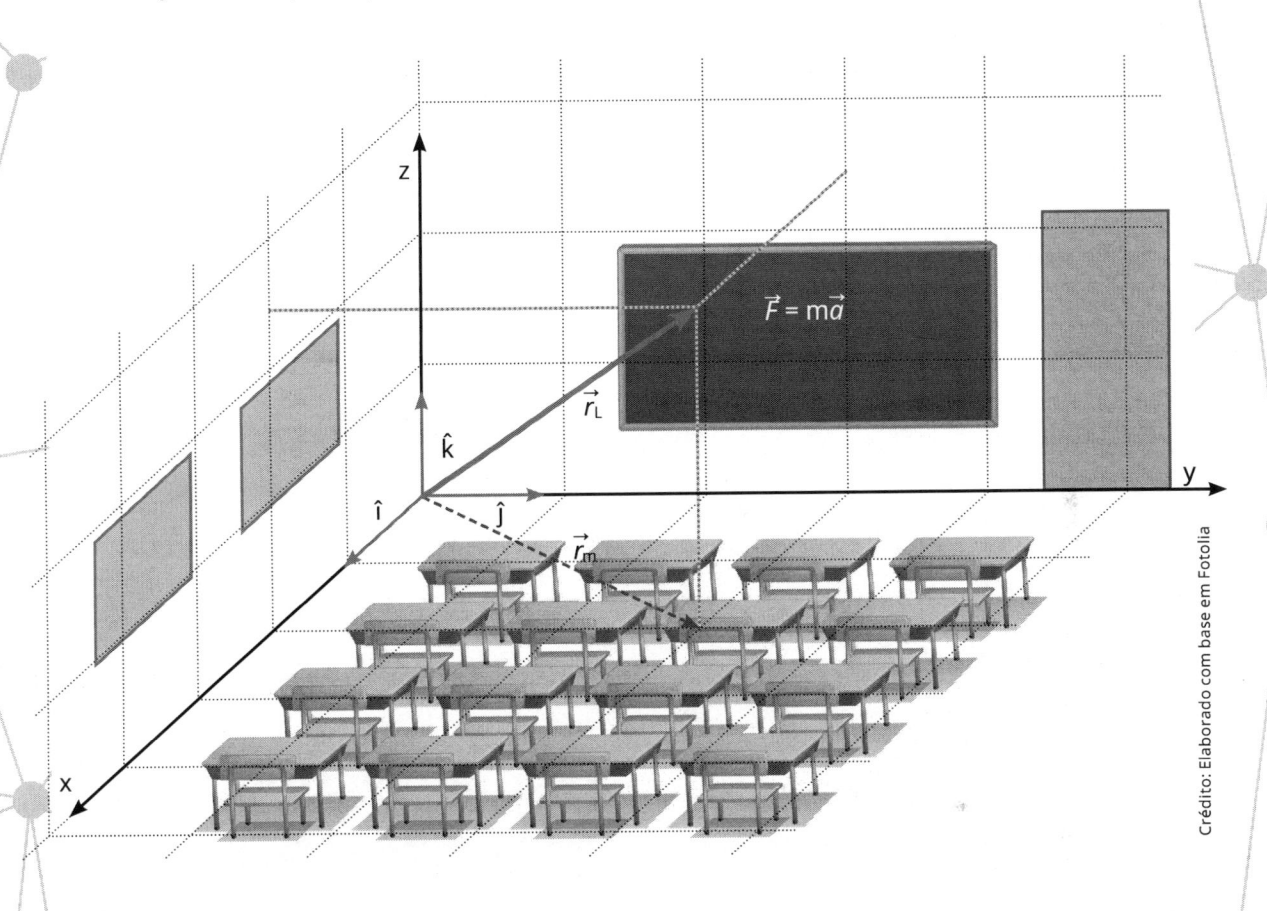

Note que, como a lâmpada está localizada 2,5 m acima da mesa, o vetor posição da lâmpada é encontrado simplesmente elevando-se a posição da mesa a 2,5 m. Observe também que o vetor $\vec{r}_m$ passa a ser uma projeção do vetor $\vec{r}_L$ no plano xy.

Grandezas escalares e vetoriais

Você pode estar se perguntando: "Qual a distância da mesa em relação à origem do sistema de coordenadas retangulares?" ou, ainda, "Qual a distância da lâmpada em relação à origem do sistema de coordenadas retangulares?".

Para obtermos as respostas a essas perguntas, devemos calcular os módulos dos vetores $\vec{r}_m$ e $\vec{r}_L$ utilizando o teorema de Pitágoras.

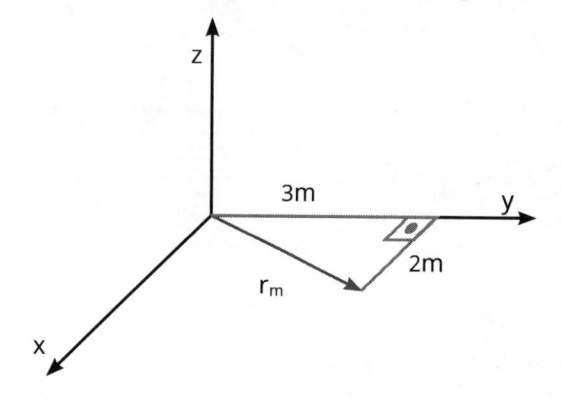

Observe que a hipotenusa do triângulo retângulo corresponde ao módulo do vetor $\vec{r}_m$. Assim:

$$r_m = \sqrt{(x)^2 + (y)^2}$$
$$r_m = \sqrt{(2\,m)^2 + (3\,m)^2}$$
$$r_m = \sqrt{13\,m^2} = 3,6\,m$$

Portanto, a distância da mesa à origem do sistema retangular é igual a 3,6 m.

Já para calcular o módulo do vetor $\vec{r}_L$, temos o triângulo retângulo representado a seguir:

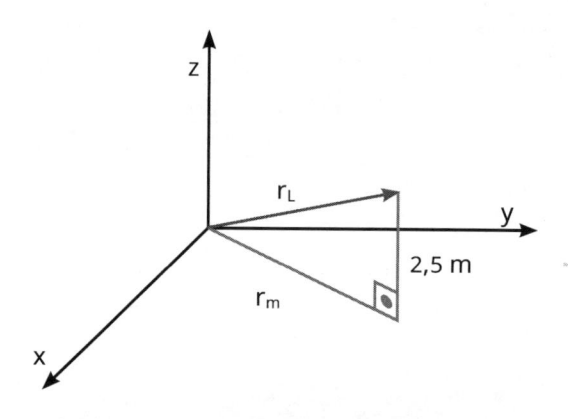

Assim:

$$r_L = \sqrt{(r_m)^2 + (z)^2}$$

Já calculamos o módulo do vetor $\vec{r}_m$ no desenvolvimento anterior e sabemos que:

$$r_m = \sqrt{(x)^2 + (y)^2}$$

Substituindo a expressão de r_m na de r_L, obtemos:

$$r_L = \sqrt{\left(\sqrt{(x)^2 + (y)^2}\right)^2 + (z)^2}$$
$$r_L = \sqrt{(x)^2 + (y)^2 + (z)^2}$$

O módulo do vetor $\vec{r}_L$ é obtido fazendo-se as correspondentes substituições numéricas:

$$r_L = \sqrt{(2\,m)^2 + (3\,m)^2 + (2,5\,m)^2}$$
$$r_L = \sqrt{19,25\,m^2} = 4,4\,m$$

Portanto, a distância da lâmpada em relação à origem do sistema retangular é igual a 4,4 m.

4.1.3.1
Operações com vetores unitários

As operações de soma e subtração de vetores e a multiplicação de vetores por escalares tornam-se bastante simples quando realizadas com vetores expressos em termos de vetores unitários.

Como vimos anteriormente, a multiplicação de um vetor por um escalar pode ser interpretada como a **dilatação** ou a **contração do vetor** – para o caso particular em que o escalar é igual a zero, o resultado é um vetor nulo; já quando o escalar é igual a 1, o resultado da multiplicação é o próprio vetor.

Essa interpretação também fica bastante evidente quando estamos trabalhando com vetores unitários. As representações a seguir mostram o resultado da multiplicação do vetor $\vec{a} = (5 \text{ m/s}^2)\hat{i} + (7 \text{ m/s}^2)\hat{j}$ pelo escalar 3 kg. O resultado é o vetor $\vec{F} = (15 \text{ kgm/s}^2)\hat{i} + (21 \text{ kgm/s}^2)\hat{j}$:

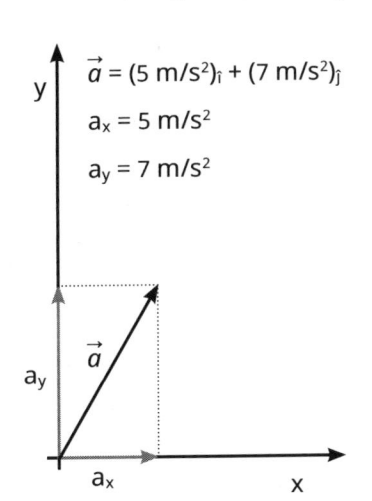

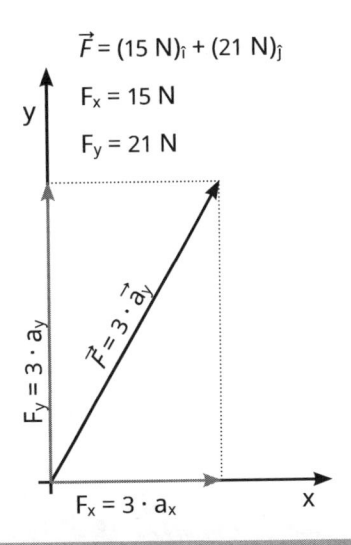

$\vec{a} = (5 \text{ m/s}^2)\hat{i} + (7 \text{ m/s}^2)\hat{j}$
$a_x = 5 \text{ m/s}^2$
$a_y = 7 \text{ m/s}^2$

$\vec{F} = (15 \text{ N})\hat{i} + (21 \text{ N})\hat{j}$
$F_x = 15 \text{ N}$
$F_y = 21 \text{ N}$

$F_y = 3 \cdot a_y$
$\vec{F} = 3 \cdot \vec{a}$
$F_x = 3 \cdot a_x$

> Quando a unidade de massa no SI é multiplicada pela unidade de aceleração no SI, obtém-se como resultado a unidade kgm/s², que equivale à unidade newton (N), assim chamada em reconhecimento aos trabalhos que o inglês Isaac Newton (1643–1727) realizou na área da mecânica.

Já para somar dois ou mais vetores utilizando vetores unitários, devemos somar suas componentes eixo por eixo. O resultado é o vetor soma. O mesmo procedimento deve ser realizado quando desejamos subtrair dois ou mais vetores.

Vejamos os exemplos a seguir.

Grandezas escalares e vetoriais

Exemplo 4.9

O deslocamento de um objeto é dado por $\Delta \vec{d} = \vec{d} - \vec{d}_0$, em que $\vec{d}_0$ é a sua posição inicial e $\vec{d}$ a sua posição final. Considere um objeto que se move no plano xy e cuja posição inicial é $\vec{d}_0 = (5 \text{ cm})_i + (2 \text{ cm})_j$ e posição final $\vec{d} = (-2 \text{ cm})_i + (7 \text{ cm})_j$. Nesse sentido:

a. calcule o vetor deslocamento do objeto;
b. calcule o módulo do vetor deslocamento.

Resolução:

a. Temos de fazer a seguinte operação vetorial:

$$\Delta \vec{d} = \vec{d} - \vec{d}_0$$

Vamos subtrair as componentes que estão na mesma direção:

$$\Delta \vec{d} = (-2 \text{ cm} - 5 \text{ cm})_i + (7 \text{ cm} - 2 \text{ cm})_j$$

$$\Delta \vec{d} = (-7 \text{ cm})_i + (5 \text{ cm})_j$$

b. O módulo do vetor deslocamento é:

$$\Delta \vec{d} = \sqrt{(-7 \text{ cm})^2 + (5 \text{ cm})^2}$$

$$\Delta \vec{d} = \sqrt{49 \text{ cm}^2 + 25 \text{ cm}^2}$$

$$\Delta \vec{d} = \sqrt{74 \text{ cm}^2} = 8{,}6 \text{ cm}$$

A seguir, temos a representação geométrica dos vetores envolvidos nesse exemplo.

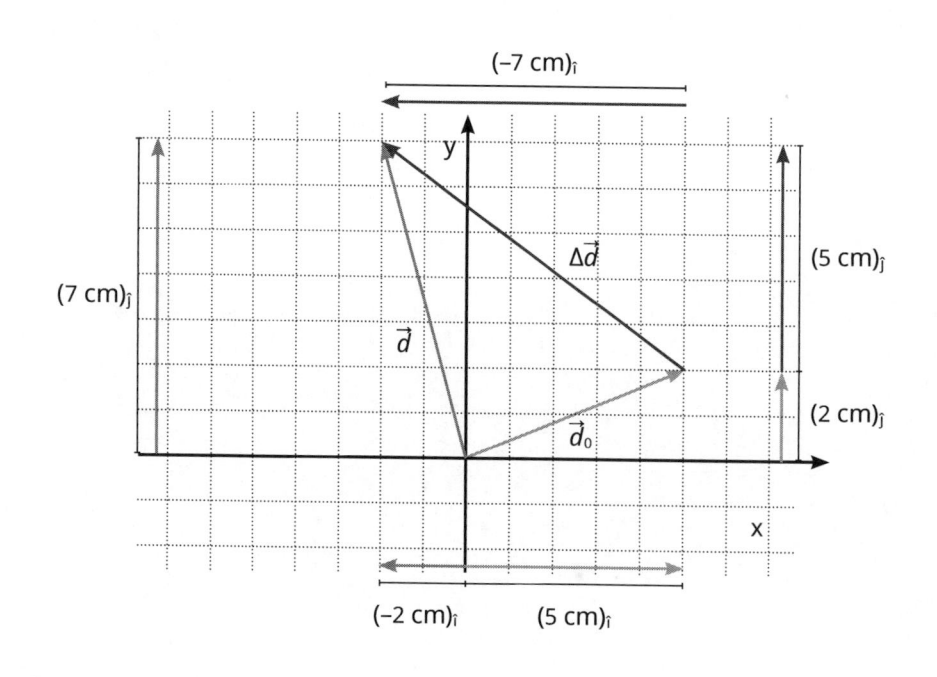

Exemplo 4.10

As seguintes forças agem sobre um objeto:

$\vec{F}_1 = (5\ N)\hat{i} + (3\ N)\hat{j} + (-3\ N)\hat{k}$

$\vec{F}_2 = (-3\ N)\hat{i} + (1\ N)\hat{j} + (2\ N)\hat{k}$

a. Calcule a força resultante, sabendo que ela é dada pela soma vetorial de $\vec{F}_1$ e $\vec{F}_2$, ou seja:
$\vec{F}_{res} = \vec{F}_1 + \vec{F}_2$

b. Calcule o módulo da força resultante.

Resolução:

a. Vamos somar as componentes das forças que estão na mesma direção:
$\vec{F}_{res} = [5\ N + (-3)]\hat{i} + (3\ N + 1\ N)\hat{j} + (-3\ N + 2\ N)\hat{k}$

$\vec{F}_{res} = (2\ N)\hat{i} + (4\ N)\hat{j} + (-1\ N)\hat{k}$

b. O módulo do vetor força resultante é:
$\vec{F}_{res} = \sqrt{(2\ N)^2 + (4\ N)^2 + (-1\ N)^2}$

$\vec{F}_{res} = \sqrt{21\ N^2}$

$\vec{F}_{res} = 4{,}6\ N$

Grandezas escalares e vetoriais

A seguir temos a representação geométrica dos vetores envolvidos no Exemplo 4.10:

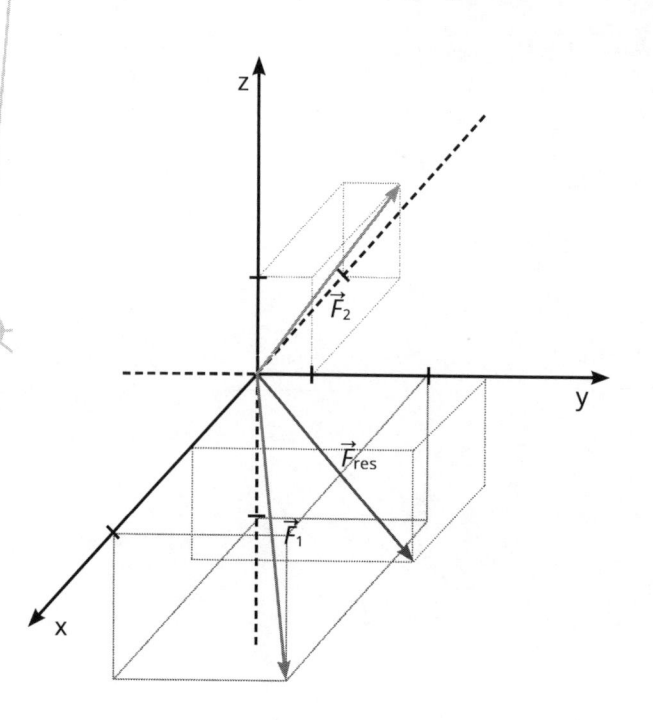

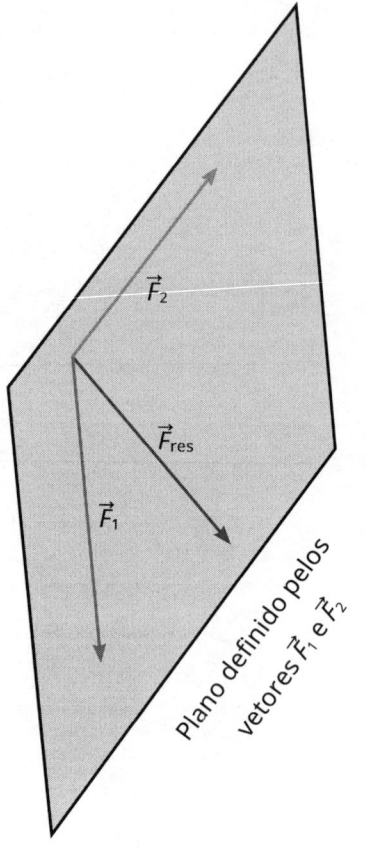

Note que o vetor resultante ($\vec{F}_{res}$) está contido no plano definido por $\vec{F}_1$ e $\vec{F}_2$. Isso sempre acontecerá quando estivermos somando ou subtraindo dois vetores.

> **Exemplo 4.11**
>
> O vetor $\vec{v}_A = 350$ km/h representa a orientação da velocidade que um avião, voando em ar parado em relação ao solo, deveria ter para voar do Sul ao Norte. O vento sopra no sentido Leste-Oeste com velocidade $\vec{v}_v = 700$ km/h. Utilizando os dados representados na figura a seguir:
>
> a. calcule o vetor velocidade do avião em relação ao solo $\vec{v}_R$, sabendo que $\vec{v}_R = \vec{v}_A + \vec{v}_v$;

b. calcule o módulo de $\vec{v}_R$;
c. calcule o ângulo θ que $\vec{v}_R$ forma com a direção Leste-Oeste.

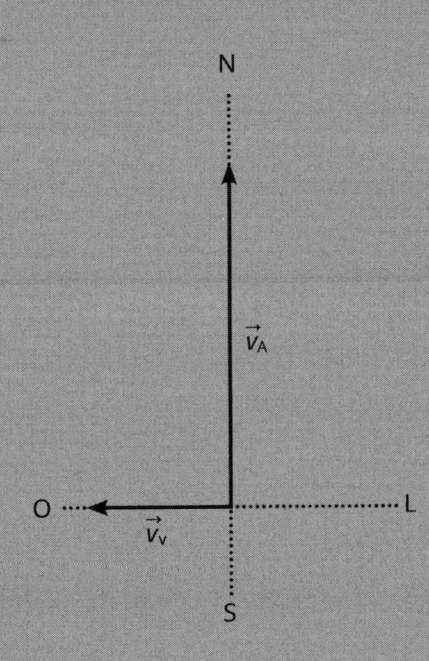

Resolução:

Vamos supor que î é o vetor unitário que está na direção Leste-Oeste e que ĵ é o vetor unitário que está na direção Sul-Norte. Temos, então:

$\vec{v}_A$ = 350 km/h î

$\vec{v}_V$ = 700 km/h ĵ

a. Logo, o vetor que representa a velocidade do avião em relação ao solo é dado por:
$\vec{v}_R$ = (350 km/h)î + (70 km/h)ĵ

b. O módulo de $\vec{v}_R$ é calculado por:
$\vec{v}_R = \sqrt{(350 \text{ km/h})^2 + (70 \text{ km/h})^2}$

$\vec{v}_R = \sqrt{127.400 \text{ (km/h)}^2}$ = **356,9 km/h**

Grandezas escalares e vetoriais

c. Vamos desenhar o vetor resultante $\vec{v}_R$ a fim de visualizar o ângulo θ:

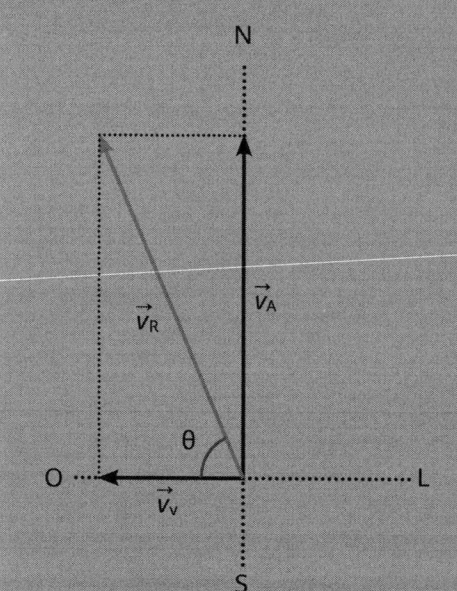

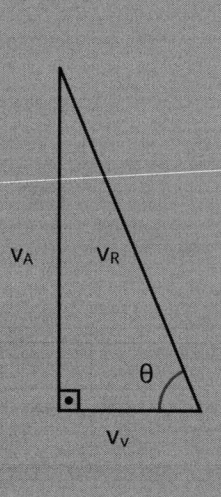

Note que o módulo dos vetores $\vec{v}_A$, $\vec{v}_v$ e $\vec{v}_R$ é equivalente aos lados do triângulo retângulo desenhado à direita. Assim, para calcular o ângulo θ, basta utilizar uma das razões trigonométricas. Nesse caso, vamos utilizar a tangente. Assim:

$$\tan \theta = \frac{v_A}{v_v} = \frac{350 \text{ km/h}}{700 \text{ km/h}} = 5$$

arctan 5 = θ

θ = 78,7°

Portanto, se o piloto direcionar o avião para o Norte com velocidade $\vec{v}_A = (350 \text{ km/h})_i$ e o vento estiver soprando no sentido Leste-Oeste com velocidade $\vec{v}_v = (700 \text{ km/h})_j$, o módulo da velocidade do avião em relação ao solo será $\vec{v}_R$ = 356,9 km/h, formando 78,7° com o sentido Oeste.

Exemplo 4.12

A figura a seguir representa a trajetória de uma bola que acabou de ser chutada por um jogador. Sabe-se que a velocidade inicial da bola é $\vec{v}_0 = 25$ m/s e que sua direção forma um ângulo de 30° com a horizontal. Sabe-se também que, se desprezarmos a resistência do ar, a velocidade na direção horizontal permanece constante. Sendo assim, qual é a velocidade da bola no ponto mais alto de sua trajetória?

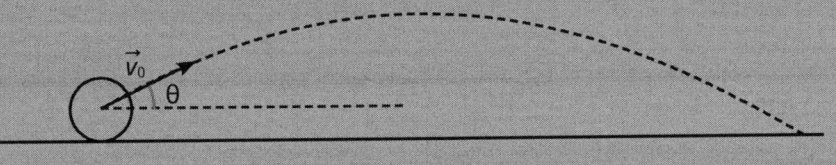

Resolução:

Inicialmente, assumamos que x e y representam as direções horizontal e vertical, respectivamente. Em seguida, vamos decompor o vetor velocidade inicial em suas componentes retangulares.

Assim:

$v_{0,x} = v_0 \cos \theta$

$v_{0,x} = 25 \cdot \cos 30° = 21{,}65$ m/s

$v_{0,y} = v_0 \sen \theta$

$v_{0,y} = 25 \cdot \sen 30° = 12{,}5$ m/s

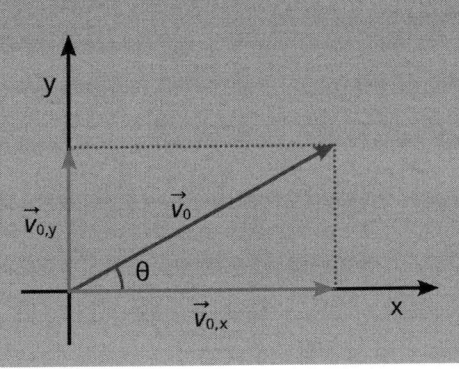

Grandezas escalares e vetoriais

No ponto mais alto da trajetória, a velocidade na direção y é igual a zero, ou seja, $v_y = 0$. Já a velocidade na direção x (como bem chama a atenção o enunciado) não varia em momento algum. Portanto, no ponto mais alto da trajetória, a velocidade da bola será igual à velocidade na direção x:

$V_{\text{altura máxima}} = v_{0,x} = 21,65 \text{ m/s}$

Questões para revisão

1. Em relação aos vetores $\vec{a} = 3$ m e $\vec{b} = 4$ m, marque as alternativas corretas:
   a) É possível que a soma dos vetores seja nula.
   b) O maior valor possível do vetor resultante é $\vec{r} = 7$ m.
   c) O menor valor possível do vetor resultante é $\vec{r} = 1$ m.
   d) Se os vetores formarem entre si um ângulo de 90°, o vetor resultante será igual a $\vec{r} = 7$ m.
   e) Se os vetores formarem entre si um ângulo de 90°, o vetor resultante será igual a $\vec{r} = 5$ m.

2. Com seis vetores de módulos duas unidades (2u) foi construído o hexágono regular representado a seguir. Marque a alternativa que indica o módulo do vetor resultante.

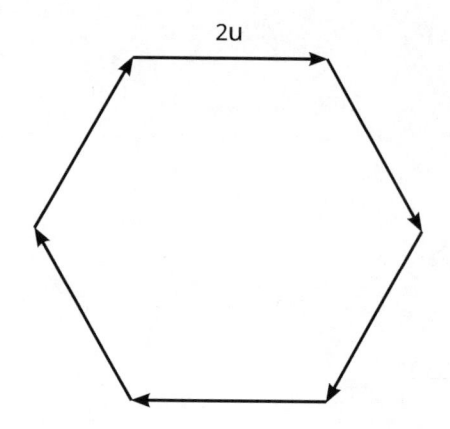

   a) Zero.
   b) 1 u.
   c) 2 u.
   d) 4 u.
   e) 12 u.

3. Os vetores a seguir representam os deslocamentos $\vec{d}_1$ e $\vec{d}_2$ de um objeto. Estime graficamente o deslocamento total desse objeto.

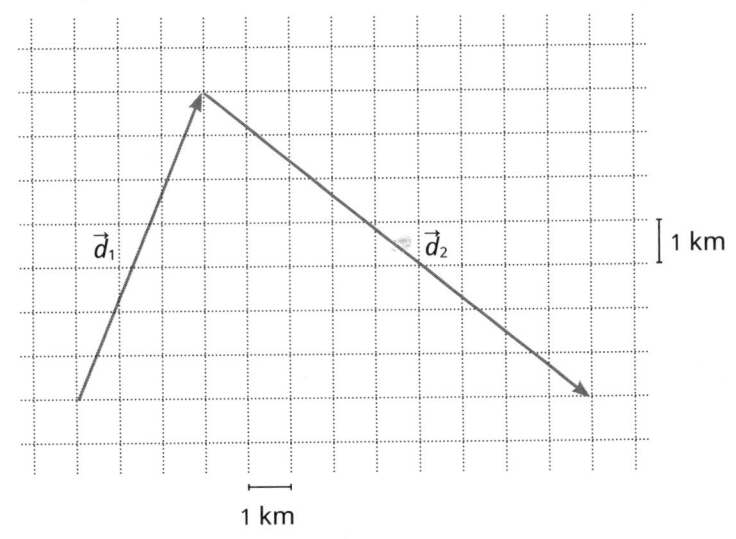

4. Três forças coplanares (mesmo plano), de módulos $F_1 = 5$ N, $F_2 = 4$ N e $F_3 = 2$ N, atuam sobre um objeto de massa 2 kg, conforme a figura a seguir. Calcule o módulo da aceleração a que o objeto está submetido, sabendo que ela é dada pelo quociente entre o módulo da força resultante que atua sobre o objeto e a massa do objeto.

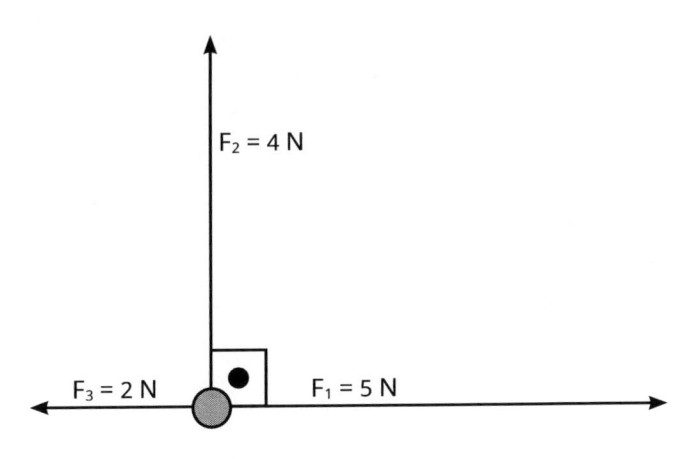

Grandezas escalares e vetoriais

5. Um navio saiu do porto A, foi para o porto B e, em seguida, para o porto C, efetuando os deslocamentos representados na figura a seguir.

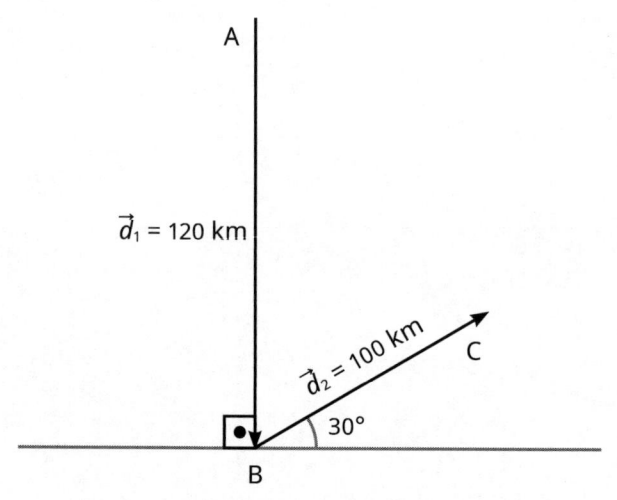

$\vec{d_1} = 120$ km

$\vec{d_2} = 100$ km

30°

Calcule a distância entre o porto A e o porto C.

6. O vetor $\vec{a}$ = 5 m forma 60° com o vetor $\vec{b}$ = 2 m. Calcule o módulo do vetor resultante.

7. Dado o sistema de forças na figura a seguir, calcule o módulo do vetor resultante (F_R) e o menor ângulo θ que ele forma com a horizontal.

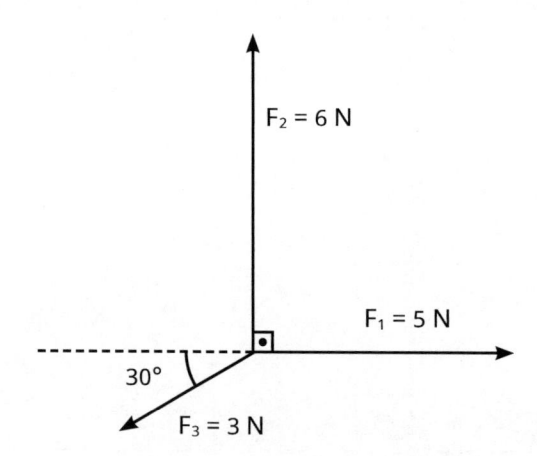

$F_2 = 6$ N

$F_1 = 5$ N

30°

$F_3 = 3$ N

8. Dois vetores, ambos de módulos iguais a 20 N, formam um ângulo de 120° entre si. Calcule o módulo do vetor resultante.
9. Dados os vetores:

$$\vec{A} = (5\ m)\hat{i} + (1\ m)\hat{j} + (-4\ m)\hat{k}$$
$$\vec{B} = (-2\ m)\hat{i} + (4\ m)\hat{j} + (6\ m)\hat{k}$$

Calcule:
   a) $\vec{A} + \vec{B}$
   b) $\vec{B} + \vec{A}$
   c) $\vec{A} - \vec{B}$
   d) $\vec{B} - \vec{A}$
10. Calcule os respectivos módulos dos vetores resultantes da questão 9.

5.
Produto escalar e produto vetorial

Produto escalar e produto vetorial

No capítulo anterior, vimos a soma e a subtração de vetores e a multiplicação de um escalar por um vetor. Neste capítulo, estudaremos duas formas de multiplicar vetores: por meio do produto escalar, cujo resultado será um escalar, e por meio do produto vetorial, cujo resultado será um vetor.

5.1 Produto escalar ou produto interno

Observe a definição do produto escalar (ou produto interno) entre dois vetores $\vec{a}$ e $\vec{b}$:

Vetores $\vec{a}$ e $\vec{b}$ formando um ângulo θ

$$\vec{a} \circ \vec{b} = ab \cos \theta$$

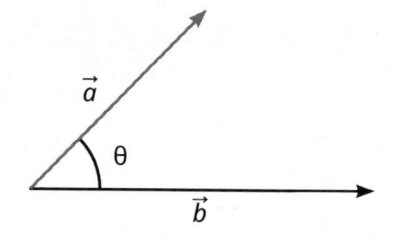

A operação $\vec{a} \circ \vec{b} = ab \cos \theta$ é lida da seguinte forma: o produto escalar (ou produto interno) entre os vetores $\vec{a}$ e $\vec{b}$ é igual ao produto entre o módulo de $\vec{a}$, o módulo de $\vec{b}$ e o cosseno do menor ângulo (θ) entre os dois vetores.

Se os vetores $\vec{a}$ e $\vec{b}$ estiverem escritos em termos de vetores unitários...

$$\vec{a} = a_x\hat{i} + a_y\hat{j} + a_z\hat{k}$$
$$\vec{b} = b_x\hat{i} + b_y\hat{j} + b_z\hat{k}$$

o produto escalar será dado por:

$$\vec{a} \circ \vec{b} = a_xb_x + a_yb_y + a_zb_z$$

A validade desse resultado pode ser verificada utilizando-se a lei dos cossenos. Suponha que $\vec{a}$ e $\vec{b}$ são dois vetores não nulos e que o menor ângulo entre eles é o ângulo θ. Vamos representar geometricamente a diferença $\vec{a} - \vec{b}$ para mostrar que o produto escalar (ou produto interno) entre os vetores $\vec{a}$ e $\vec{b}$ é igual ao produto das componentes dos vetores que estão na mesma direção, ou seja, $\vec{a} \circ \vec{b} = a_xb_x + a_yb_y + a_zb_z$, conforme vemos a seguir.

Representação geométrica da diferença entre os vetores $\vec{a}$ e $\vec{b}$

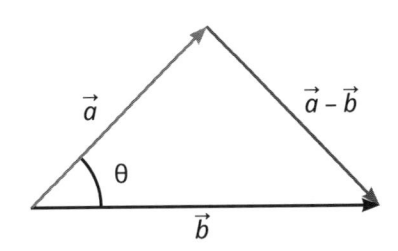

> A lei dos cossenos afirma que, em um triângulo qualquer de lados u, v e w, o lado oposto a um dos ângulos internos está relacionado com este ângulo por $u^2 = v^2 + w^2 - 2 \cdot v \cdot w \cdot \cos\theta$.

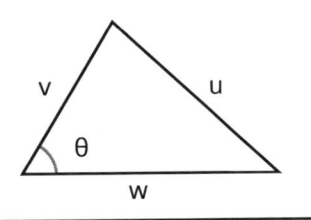

Note que os três vetores formam um triângulo em que um dos ângulos internos é o ângulo θ. Aplicando a lei dos cossenos, chegamos ao seguinte resultado:

$$|\vec{a} - \vec{b}|^2 = |\vec{a}|^2 + |\vec{b}|^2 - 2|a| \cdot |b| \cdot \cos\theta$$

Sabemos que os módulos dos vetores $\vec{a} - \vec{b}$ e $\vec{a}$ e $\vec{b}$ são calculados, respectivamente, por:

$$|\vec{a} - \vec{b}| = \sqrt{(a_x - b_x)^2 + (a_y - b_y)^2 + (a_z - b_z)^2}$$
$$|\vec{a}| = \sqrt{(a_x)^2 + (a_y)^2 + (a_z)^2}$$
$$|\vec{b}| = \sqrt{(b_x)^2 + (b_y)^2 + (b_z)^2}$$

Substituindo esses resultados na equação anterior, temos:

$$(a_x - b_x)^2 + (a_y - b_y)^2 + (a_z - b_z)^2 = (a_x)^2 + (a_y)^2 + (a_z)^2 + (b_x)^2 + (b_y)^2 + (b_z)^2 - 2|a| \cdot |b| \cdot \cos\theta$$

Desenvolvendo os produtos notáveis do primeiro membro da equação, obtemos:

$$(a_x)^2 - 2a_x b_x + (b_x)^2 + (a_y)^2 - 2a_y b_y + (b_y)^2 + (a_z)^2 - 2a_z b_z + (b_z)^2 =$$
$$= (a_x)^2 + (a_y)^2 + (a_z)^2 + (b_x)^2 + (b_y)^2 + (b_z)^2 - 2|a| \cdot |b| \cdot \cos\theta$$

Observe que agora podemos cancelar os termos semelhantes que figuram nos dois membros dessa equação, restando:

$$-2a_x b_x - 2a_y b_y - 2a_z b_z = -2|a| \cdot |b| \cdot \cos\theta$$

Dividindo toda a equação por –2, chegamos ao resultado que queríamos demonstrar:

Produto escalar e produto vetorial

$a_x b_x + a_y b_y + a_z b_z = |a| \cdot |b| \cdot \cos \theta$

Ou, simplesmente:

$a_x b_x + a_y b_y + a_z b_z = ab \cos \theta$

Comparando esse resultado com a definição de produto escalar, temos:

$\vec{a} \circ \vec{b} = a_x b_x + a_y b_y + a_z b_z$

Esse resultado será útil para nos ajudar a calcular o ângulo entre dois vetores:

$\cos \theta = \dfrac{\vec{a} \circ \vec{b}}{ab}$

Para melhor compreender esses conceitos, vejamos o exemplo:

Exemplo 5.1

As forças $\vec{F}_1$ e $\vec{F}_2$ estão sendo aplicadas sobre um mesmo corpo. Calcule o menor ângulo formado entre elas.

Dados:

$\vec{F}_1 = (25\ N)\hat{i} + (-8\ N)\hat{j} + (18\ N)\hat{k}$

$\vec{F}_2 = (13\ N)\hat{i} + (-20\ N)\hat{j} + (-5\ N)\hat{k}$

Resolução:

Vamos utilizar a definição de produto escalar para calcular o ângulo entre as forças:

$\cos \theta = \dfrac{\vec{F}_1 \circ \vec{F}_2}{F_1 \cdot F_2}$

Assim, temos:

$\vec{F}_1 \circ \vec{F}_2 = 25\ N \cdot 13\ N + (-8\ N) \cdot (-20\ N) + 18\ N \cdot (-5\ N) = 395\ N^2$

$F_1 = \sqrt{(25\ N)^2 + (-8\ N)^2 + (18\ N)^2} = 31{,}82\ N$

$F_2 = \sqrt{(13\ N)^2 + (-20\ N)^2 + (-5\ N)^2} = 24{,}37\ N$

$$\cos \theta = \frac{395}{31{,}82 \cdot 24{,}37} = 0{,}509$$

$\theta = 59{,}4°$

Portanto, o menor ângulo entre os dois vetores é 59,4°.

Exemplo 5.2

Em física, a grandeza trabalho (W) refere-se à medida da energia fornecida ou retirada de um corpo por uma força ($\vec{F}$) durante um deslocamento ($\Delta\vec{d}$). O trabalho pode ser definido com base no produto escalar entre essas duas últimas grandezas, ou seja:

$W = \vec{F} \circ \Delta\vec{d}$

Suponha que a força $\vec{F} = (-5\ N)\hat{i} + (4\ N)\hat{j} + (-3\ N)\hat{k}$ agiu sobre determinado corpo e provocou o deslocamento $\Delta\vec{d} = (-100\ m)\hat{i} + (50\ m)\hat{j} + (-18\ m)\hat{k}$. Sendo assim, calcule:

a. o trabalho realizado pela força $\vec{F}$;
b. o ângulo entre os vetores $\vec{F}$ e $\Delta\vec{d}$.

Resolução:

a. Pela definição de trabalho, temos:

$W = [(-5\ N)\hat{i} + (4\ N)\hat{j} + (-3\ N)\hat{k}] \circ [(-100\ m)\hat{i} + (50\ m)\hat{j} + (-18\ m)\hat{k}]$

$W = (-5\ N) \cdot (-100\ m) + (4\ N) \cdot (50\ m) + (-3\ N) \cdot (-18\ m)$

$W = 500\ Nm + 200\ Nm + 54\ Nm = \mathbf{754\ Nm}$

No Sistema Internacional de Unidades (SI), a unidade Nm é equivalente à unidade joule (J). Assim, o trabalho realizado pela força $\vec{F}$ é igual a 754 J.

b. Vamos utilizar a definição de produto escalar para calcular o ângulo entre as forças:

$$\cos \theta = \frac{\vec{F_1} \circ \vec{\Delta d}}{F \cdot \Delta d}$$

$$\cos \theta = \frac{754 \text{ Nm}}{\sqrt{(-5 \text{ N})^2 + (4 \text{ N})^2 + (-3 \text{ N})^2} \cdot \sqrt{(100 \text{ m})^2 + (50 \text{ m})^2 + (-18 \text{ m})^2}}$$

$$\cos \theta = \frac{754 \text{ Nm}}{800{,}75 \text{ Nm}} \approx 0{,}94$$

$$\theta = 19{,}7°$$

Portanto, o ângulo entre os dois vetores é 19,7°. Note que, como já previsto pela definição de produto escalar, o trabalho em física é uma grandeza escalar.

5.1.1 Casos particulares do produto escalar

Existem alguns casos notáveis que podem antecipar o resultado de um produto escalar. São eles: a) quando os vetores formam um ângulo de 90° entre si; b) quando o ângulo entre os vetores é zero; c) quando o ângulo entre os vetores é de 180°. Discutiremos cada um deles a seguir.

5.1.1.1 Ângulo de 90° entre os vetores

A definição de produto escalar mostra que estamos multiplicando o módulo de um vetor $\vec{a}$ qualquer pela projeção de outro vetor $\vec{b}$ qualquer na direção do vetor $\vec{a}$ ou, equivalentemente, estamos multiplicando o módulo de $\vec{b}$ pela projeção de $\vec{a}$ na direção do vetor $\vec{b}$. Nesse sentido, observe a representação a seguir.

Representação da projeção de $\vec{a}$ sobre $\vec{b}$ à esquerda e representação de $\vec{b}$ sobre $\vec{a}$ à direita

$$\vec{a} \circ \vec{b} = ab \cos \theta$$

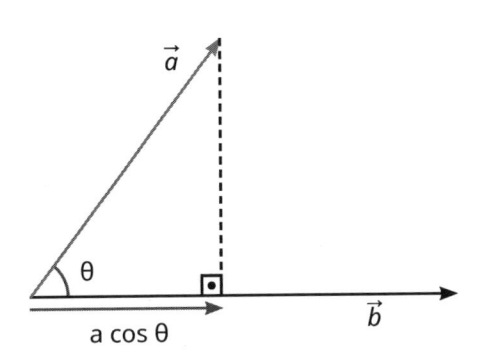

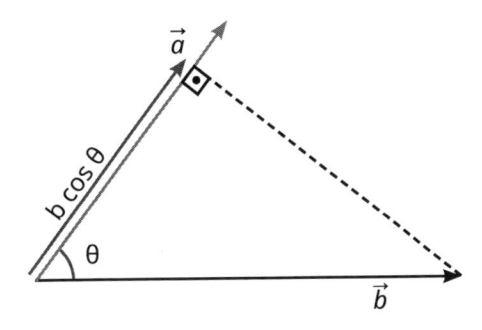

É importante perceber que, se o ângulo entre dois vetores for 90°, a projeção de um vetor sobre o outro vale zero. Nesse caso, o produto escalar entre eles também será zero, como vemos a seguir:

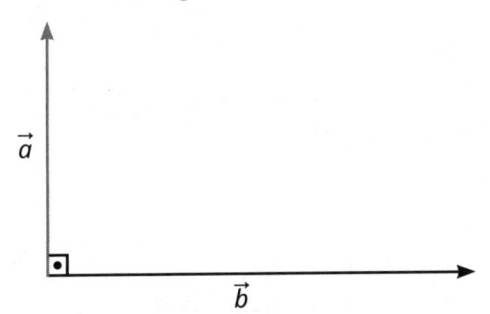

$\vec{a} \circ \vec{b} = ab \cos 90°$

Uma vez que cos 90° = 0, a ∘ b = 0.

5.1.1.2
Ângulo de 0° entre os vetores

Se o ângulo entre os dois vetores for 0°, ou seja, se os vetores forem paralelos, o produto escalar entre eles é igual ao produto de seus módulos. Isso é fácil perceber, pois cos 0° = 1. Dessa forma:

$\vec{a} \circ \vec{b} = ab \cos 0°$
$\vec{a} \circ \vec{b} = ab$

5.1.1.3
Ângulo de 180° entre os vetores

Se o ângulo entre os dois vetores for 180°, o produto escalar entre eles é igual ao negativo do produto de seus módulos.

Produto escalar e produto vetorial

Exemplo 5.3

Já sabemos que o trabalho realizado por uma força que está sendo aplicada em um corpo é calculado por:

$$W = \vec{F} \circ \Delta\vec{d}$$

Representamos a seguir uma força $\vec{F} = 10$ N sendo aplicada verticalmente sobre um bloco de massa m = 30 kg durante um intervalo de tempo Δt = 25 s. Nesse intervalo, o bloco desloca-se 20 m na direção horizontal com velocidade constante. Calcule o trabalho realizado pela força $\vec{F}$ durante esse deslocamento.

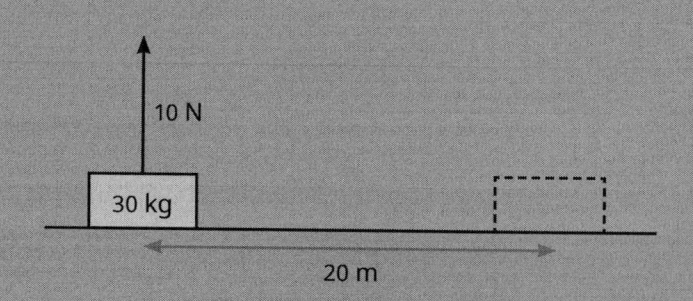

[Figura: bloco de 30 kg com força de 10 N aplicada verticalmente para cima, deslocando-se 20 m horizontalmente]

Resolução:

Note que a força $\vec{F}$ é perpendicular ao deslocamento, ou seja, as direções dos vetores $\vec{F}$ e $\Delta\vec{d}$ formam, entre si, 90°. Portanto, não precisamos fazer cálculos, pois o trabalho realizado pela força é zero.

$$W = \vec{F} \circ \Delta\vec{d} = F \cdot \Delta d \cos 90° = 0 \text{ J}$$

Observação: O enunciado afirma que o bloco se movimentou com velocidade constante na direção horizontal. Se a velocidade não variou, não houve aceleração nem força resultante na direção do movimento. É importante perceber que a componente da força que realiza trabalho é a que está na direção do movimento. Como nesse caso não temos componente na direção do movimento, o trabalho realizado é zero.

Exemplo 5.4

Em física, a taxa temporal com que a força realiza trabalho é chamada de *potência*. Assim, a potência média é calculada por:

$$P = \frac{W}{\Delta t}$$

Como:

$$W = \vec{F} \circ \vec{\Delta d}$$

Temos:

$$P = \frac{\vec{F} \circ \vec{\Delta d}}{\Delta t}$$

A velocidade média com que uma partícula se move é dada por:

$$\vec{v} = \frac{\vec{\Delta d}}{\Delta t}$$

Logo:

$$P = \vec{F} \circ \vec{v}$$

Utilizando essas informações, resolva o problema a seguir.

Um elevador construído a fim de ser utilizado em obras de construção civil foi projetado para elevar verticalmente uma carga de tijolos que pesa 700 N (cerca de 72 kg) até uma altura de 12 m em um intervalo de tempo de 24 s, com velocidade constante. O elevador pesa 250 N (cerca de 26 kg). Qual é a potência mínima que deverá ser desenvolvida pelo motor?

Resolução:

Primeiro, vamos calcular a velocidade média com que o motor eleva a carga de tijolos:

$$\vec{v} = \frac{\vec{\Delta d}}{\Delta t} = \frac{12 \text{ m}}{24 \text{ s}} = 0,5 \text{ m/s}$$

Como a força com que o motor do elevador puxa a carga tem a mesma direção e o mesmo sentido da velocidade, o ângulo entre os vetores que representam essas grandezas é zero. Assim:

Produto escalar e produto vetorial

$P = \vec{F} \circ \vec{v} = F \cdot v \cdot \cos \theta$

$P = (700 \text{ N} + 250 \text{ N}) \cdot 0,5 \text{ m/s} \cdot \cos 0°$

$P = 475 \text{ W}$

Note que a unidade newton (N) vezes a unidade metro por segundo (m/s) é igual à unidade *watt* (W), ou seja:

$N \cdot \dfrac{m}{s} = W$

Exemplo 5.5

Dados os vetores $\vec{A} = (3 \text{ m})\hat{i} + (-2 \text{ m})\hat{j}$ e $\vec{B} = (-3 \text{ m})\hat{i} + (2 \text{ m})\hat{j}$:

a. represente-os em um sistema de coordenadas retangulares;
b. calcule o produto escalar de $\vec{A} \circ \vec{B}$.

Resolução:

a.

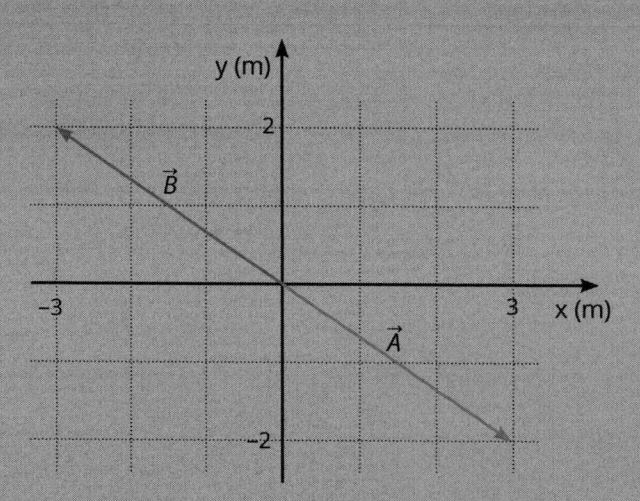

b. A representação dos vetores no sistema de coordenadas retangulares mostra que o ângulo entre eles é de 180° = –1. Como cos 180° = –1, o produto escalar $\vec{A} \circ \vec{B}$ se resume no negativo do produto do módulo de $\vec{A}$ pelo módulo de $\vec{B}$.

Assim:

$$\vec{A} \circ \vec{B} = -A \cdot B$$

$$\vec{A} \circ \vec{B} = \sqrt{-(3\text{ m})^2 + (-2\text{ m})^2} \cdot \sqrt{(-3\text{ m})^2 + (2\text{ m})^2}$$

$$\vec{A} \circ \vec{B} = -\sqrt{13\text{ m}^2} \cdot \sqrt{13\text{ m}^2}$$

$$\vec{A} \circ \vec{B} = -13\text{ m}^2$$

Caso não tivéssemos representado os vetores no sistema de coordenadas retangulares, poderíamos ter chegado ao mesmo resultado calculando o produto entre as componentes dos vetores que estão na mesma direção:

$$\vec{A} \circ \vec{B} = [(3\text{ m})_\hat{i} + (-2\text{ m})_\hat{j}] \circ [(-3\text{ m})_\hat{i} + (2\text{ m})_\hat{j}]$$

$$\vec{A} \circ \vec{B} = -9\text{ m}^2 - 4\text{ m}^2$$

$$\vec{A} \circ \vec{B} = -13\text{ m}^2$$

Exemplo 5.6

Sabendo que os vetores $\vec{v} = (2\text{ m/s})_\hat{i} + (-5\text{ m/s})_\hat{j}$ e $\vec{r} = (k\text{ m})_\hat{i} + (1\text{ m})_\hat{j}$ são ortogonais:

a. calcule o valor de k;
b. represente geometricamente os vetores.

Resolução:

a. O ângulo entre dois vetores ortogonais é 90°. Sabemos que cos 90° = 0. Portanto:

$$\vec{v} \circ \vec{r} = v \cdot r \cdot \cos 90° = 0$$

$$[(2\text{ m/s})_\hat{i} + (-4\text{ m/s})_\hat{j}] \circ [(k\text{ m})_\hat{i} + (1\text{ m})_\hat{j}] = 0$$

$$2k - 4 = 0$$

$$k = \frac{4}{2} = 2$$

Produto escalar e produto vetorial

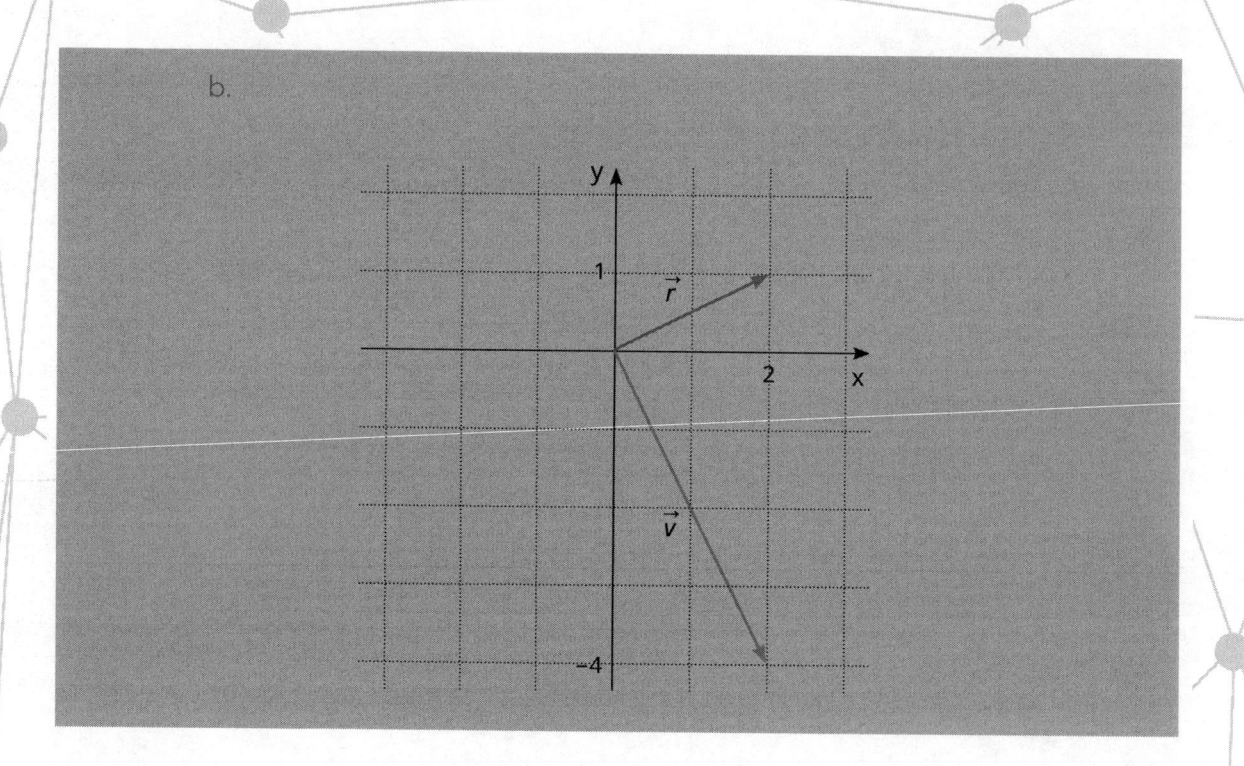

b.

5.1.2 Propriedades do produto escalar

Destacamos a seguir três propriedades do produto escalar: a comutatividade, a distributividade e a multiplicação por um escalar.

1. **Comutatividade** – Dados dois vetores quaisquer $\vec{a}$ e $\vec{b}$ não nulos, então:

$$\vec{a} \circ \vec{b} = \vec{b} \circ \vec{a}$$

Como sabemos, o resultado de um produto escalar é obtido pela multiplicação do módulo dos dois vetores envolvidos pelo cosseno do ângulo entre eles. Assim, cada membro da equação anterior pode ser identificado como o produto entre dois fatores:

$$\underbrace{a}_{1º\ fator} \cdot \underbrace{b \cos \theta}_{2º\ fator} = \underbrace{b}_{1º\ fator} \cdot \underbrace{a \cos \theta}_{2º\ fator}$$

Na representação a seguir (já apresentada na seção 5.1.1.1), temos indicadas as projeções do segundo fator de cada um dos membros.

$$a \cdot b\cos\theta = b \cdot a\cos\theta$$

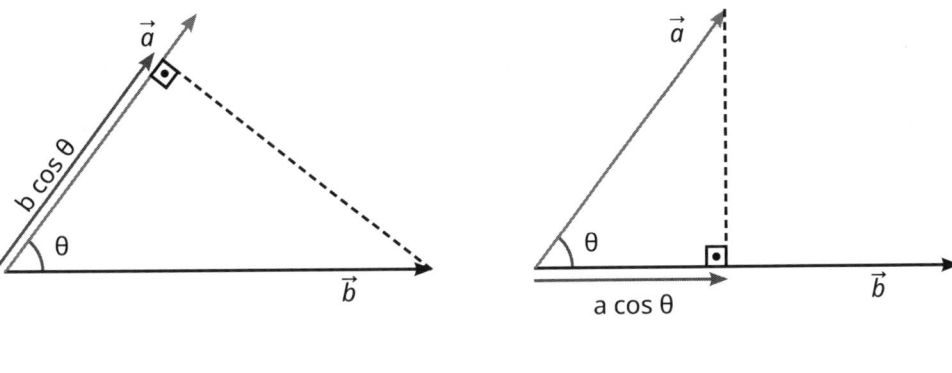

Projeção de $\vec{b}$ sobre $\vec{a}$ **Projeção de $\vec{a}$ sobre $\vec{b}$**

Como a projeção do vetor $\vec{a}$ está na direção de $\vec{b}$ e a projeção de $\vec{b}$ está na direção de $\vec{a}$, geometricamente esses fatores não podem ser identificados como lados de um polígono. No entanto, somente para demonstrar a validade da propriedade comutativa, vamos imaginar que cada um desses fatores seja o lado de um retângulo (sendo que um dos lados de cada retângulo representa a projeção de um vetor sobre o outro):

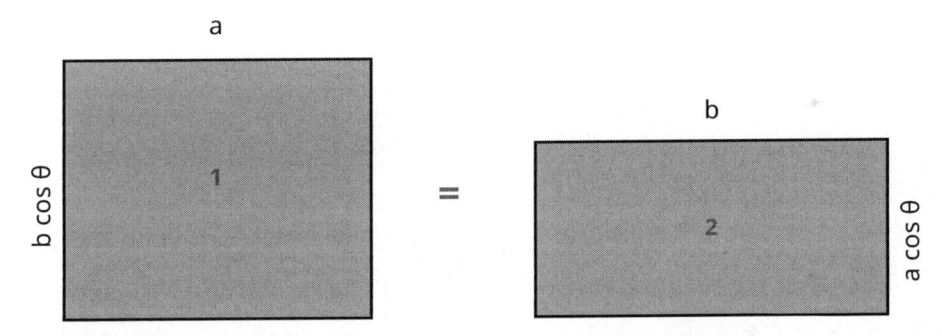

Os retângulos 1 e 2 têm dimensões diferentes, mas áreas iguais.

Exemplo 5.7

Considere os vetores $\vec{F} = (-2\ N)_{\hat{i}} + (5\ N)_{\hat{j}}$ e $\vec{d} = (-3\ m)_{\hat{i}} + (2\ m)_{\hat{j}}$. Nesse contexto, mostre que $\vec{F} \circ \vec{d} = \vec{d} \circ \vec{F}$.

Resolução:

Primeiramente, vamos calcular $\vec{F} \circ \vec{d}$:

$\vec{F} \circ \vec{d} = [(-2\ N)_{\hat{i}} + (5\ N)_{\hat{j}}] \circ [(-3\ m)_{\hat{i}} + (2\ m)_{\hat{j}}]$

$\vec{F} \circ \vec{d} = 6\ Nm + 10\ Nm = 16\ Nm =$ **16 J**

Produto escalar e produto vetorial

> Agora, vamos calcular $\vec{d} \circ \vec{F}$:
>
> $\vec{d} \circ \vec{F} = [(-3\ m)\hat{i} + (2\ m)\hat{j}] \circ [(-2\ N)\hat{i} + (5\ N)\hat{j}]$
>
> $\vec{F} \circ \vec{d} = 6\ Nm + 10\ Nm = 16\ Nm = $ **16 J**
>
> Conforme solicitado no enunciado, mostramos que $\vec{F} \circ \vec{d} = \vec{d} \circ \vec{F}$.

2. **Distributividade** – Dados três vetores quaisquer $\vec{a}$, $\vec{b}$ e $\vec{c}$ não nulos, então:

$$\vec{a} \circ (\vec{b} + \vec{c}) = \vec{a} \circ \vec{b} + \vec{a} \circ \vec{c}$$

Para demonstrar geometricamente essa propriedade, vamos considerar três vetores quaisquer $\vec{a}$, $\vec{b}$ e $\vec{c}$:

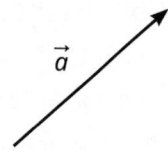

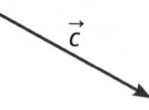

A soma $\vec{b} + \vec{c}$ está representada a seguir:

Soma dos vetores $\vec{b}$ e $\vec{c}$

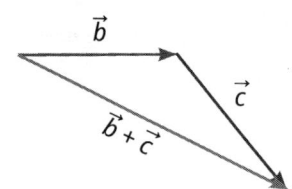

A projeção de $\vec{b} + \vec{c}$ sobre $\vec{a}$ é o vetor $(\vec{b} + \vec{c}) \cos \theta$. Observe, então, a seguinte projeção:

Projeção do vetor $\vec{b} + \vec{c}$ sobre o vetor $\vec{a}$

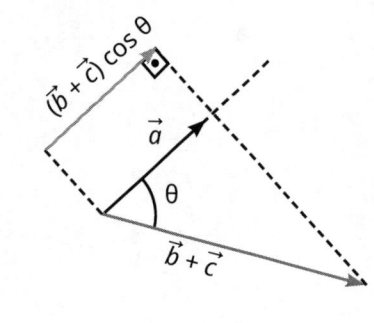

$$\vec{a} \circ (\vec{b} + \vec{c}) = a\ |\vec{b} + \vec{c}| \cdot \cos \theta$$

Da mesma forma, observamos nas projeções a seguir que podemos representar as projeções dos vetores $\vec{b}$ e $\vec{c}$ sobre o vetor $\vec{a}$:

Projeções dos vetores $\vec{b}$ e $\vec{c}$ sobre o vetor $\vec{a}$

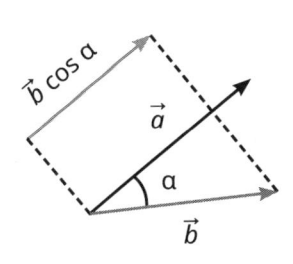

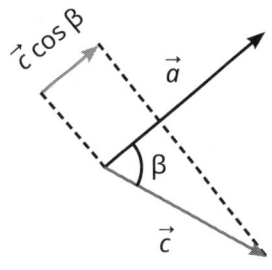

$\vec{a} \circ \vec{b} = a \cdot b \cdot \cos \alpha$

$\vec{a} \circ \vec{c} = a \cdot c \cdot \cos \beta$

Utilizando a ideia de áreas de retângulos, conseguimos mostrar que:

$$a \cdot |\vec{b} + \vec{c}| \cdot \cos \theta = ab \cos \alpha + ac \cos \beta$$

Utilizando novamente nosso artifício geométrico, temos:

Representação geométrica da propriedade distributiva do produto escalar

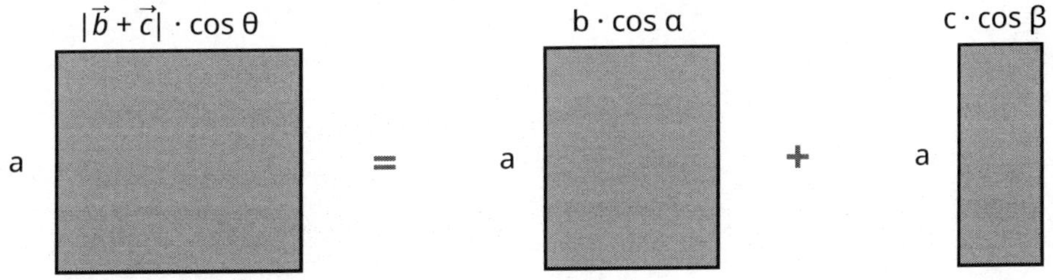

Ou seja, $\vec{a} \circ (\vec{b} + \vec{c}) = \vec{a} \circ \vec{b} + \vec{a} \circ \vec{c}$.

Exemplo 5.8

Dados os vetores:

$\vec{d}_1 = (4\ m)\hat{i} + (-2\ m)\hat{j} + (-7\ m)\hat{k}$

$\vec{d}_2 = (-1\ m)\hat{i} + (3\ m)\hat{j} + (-2\ m)\hat{k}$

$\vec{F} = (45\ N)\hat{i} + (-25\ N)\hat{j} + (-50\ N)\hat{k}$

Produto escalar e produto vetorial

Mostre que $\vec{F} \circ (\vec{d}_1 + \vec{d}_2) = \vec{F} \circ \vec{d}_1 + \vec{F} \circ \vec{d}_2$.

Resolução:

Vamos calcular $(\vec{d}_1 + \vec{d}_2)$:

$\vec{d}_1 + \vec{d}_2 = [(4\ m)_{\hat{i}} + (-1\ m)_{\hat{i}}] + [(-2\ m)_{\hat{j}} + (3\ m)_{\hat{j}}] + [(-7\ m)_{\hat{k}} + (-2\ m)_{\hat{k}}]$

$\vec{d}_1 + \vec{d}_2 = (3\ m)_{\hat{i}} + (1\ m)_{\hat{j}} + (-9\ m)_{\hat{k}}$

Assim:

$\vec{F} \circ (\vec{d}_1 + \vec{d}_2) = [(45\ N)_{\hat{i}} + (-25\ N)_{\hat{j}} + (-50\ N)_{\hat{k}}] \circ [(3\ m)_{\hat{i}} + (1\ m)_{\hat{j}} + (-9\ m)_{\hat{k}}]$

$\vec{F} \circ (\vec{d}_1 + \vec{d}_2) = 45\ N \cdot 3\ m - 25\ N \cdot 1\ m - 50\ N \cdot (-9\ m)$

$\vec{F} \circ (\vec{d}_1 + \vec{d}_2) = 560\ Nm = \mathbf{560\ J}$

Agora, vamos calcular $\vec{F} \circ \vec{d}_1 + \vec{F} \circ \vec{d}_2$

$\vec{F} \circ \vec{d}_1 = [(45\ N)_{\hat{i}} + (-25\ N)_{\hat{j}} + (-50\ N)_{\hat{k}}] \circ [(4\ m)_{\hat{i}} + (-2\ m)_{\hat{j}} + (-7\ m)_{\hat{k}}]$

$\vec{F} \circ \vec{d}_1 = 45\ N \cdot 4\ m - 25\ N \cdot (-2\ m) - 50\ N \cdot (-7\ m)$

$\vec{F} \circ \vec{d}_1 = 580\ Nm = 580\ J$

$\vec{F} \circ \vec{d}_2 = [(45\ N)_{\hat{i}} + (-25\ N)_{\hat{j}} + (-50\ N)_{\hat{k}}] \circ [(-1\ m)_{\hat{i}} + (3\ m)_{\hat{j}} + (-2\ m)_{\hat{k}}]$

$\vec{F} \circ \vec{d}_2 = 45\ N \cdot (-1\ m) - 25\ N \cdot 3\ m - 50\ N \cdot (-2\ m)$

$\vec{F} \circ \vec{d}_2 = -20\ Nm = -20\ J$

Portanto:

$\vec{F} \circ \vec{d}_1 + \vec{F} \circ \vec{d}_2 = 580\ J - 20\ J = \mathbf{560\ J}$

3. **Multiplicação por escalar** – Dados dois vetores quaisquer $\vec{a}$ e $\vec{b}$ e dois escalares k e m, então:

$(k\vec{a}) \circ (m\vec{b}) = (k \cdot m) \cdot (\vec{a} \circ \vec{b})$

Os produtos $(k \cdot m)$ e $(\vec{a} \circ \vec{b})$ resultam em escalares. Portanto, o resultado final é um escalar.

Exemplo 5.9

Dados os vetores:

$\vec{v_1} = (-3 \text{ m/s})\hat{i} + (5 \text{ m/s})\hat{j} + (0 \text{ m/s})\hat{k}$

e

$\vec{v_2} = (0 \text{ m/s})\hat{i} + (7 \text{ m/s})\hat{j} + (-1 \text{ m/s})\hat{k}$

e os escalares k = 4 e m = −2, mostre que:

$(k\vec{v_1}) \circ (m\vec{v_2}) = (k \cdot m) \cdot (\vec{v_1} \circ \vec{v_2})$

Resolução:

Vamos calcular $(k\vec{v_1}) \circ (m\vec{v_2})$:

$k\vec{v_1} = 4[(-3 \text{ m/s})\hat{i} + (5 \text{ m/s})\hat{j} + (0 \text{ m/s})\hat{k}]$

$k\vec{v_1} = (-12 \text{ m/s})\hat{i} + (20 \text{ m/s})\hat{j}$

$m\vec{v_2} = -2[(0 \text{ m/s})\hat{i} + (7 \text{ m/s})\hat{j} + (-1 \text{ m/s})\hat{k}]$

$m\vec{v_2} = (-14 \text{ m/s})\hat{j} + (2 \text{ m/s})\hat{k}$

$(k\vec{v_1}) \circ (m\vec{v_2}) = [(-12 \text{ m/s})\hat{i} + (20 \text{ m/s})\hat{j}] \circ [(-14 \text{ m/s})\hat{j} + (2 \text{ m/s})\hat{k}]$

$(k\vec{v_1}) \circ (m\vec{v_2}) = (-12 \text{ m/s} \cdot 0 \text{ m/s}) + [20 \text{ m/s} \cdot (-14 \text{ m/s})] + (0 \text{ m/s} \cdot 2 \text{ m/s})$

$(k\vec{v_1}) \circ (m\vec{v_2}) = \mathbf{-280 \text{ m}^2/\text{s}^2}$

Agora, vamos calcular $(k \cdot m) \cdot (\vec{v_1} \circ \vec{v_2})$:

$(k \cdot m) = 4 \cdot (-2) = -8$

$\vec{v_1} \circ \vec{v_2} = [(-3 \text{ m/s})\hat{i} + (5 \text{ m/s})\hat{j}] \circ [(7 \text{ m/s})\hat{j} + (-1 \text{ m/s})\hat{k}]$

$\vec{v_1} \circ \vec{v_2} = [(-3 \text{ m/s}) \cdot 0 \text{ m/s}] + (5 \text{ m/s} \cdot 7 \text{ m/s}) + [0 \text{ m/s} \cdot (-1 \text{ m/s})]$

$\vec{v_1} \circ \vec{v_2} = 35 \text{ m}^2/\text{s}^2$

$(k \cdot m) \cdot (\vec{v_1} \circ \vec{v_2}) = -8 \cdot 35 \text{ m}^2/\text{s}^2 = -280 \text{ m}^2/\text{s}^2$

Assim, mostramos que $(k\vec{v_1}) \circ (m\vec{v_2}) = (k \cdot m) \cdot (\vec{v_1} \circ \vec{v_2})$.

Produto escalar e produto vetorial

5.2 Produto vetorial ou produto externo

O produto vetorial (ou produto externo) entre dois vetores $\vec{a}$ e $\vec{b}$ é, por definição, um vetor $\vec{c}$ que tem direção perpendicular ao plano definido por $\vec{a}$ e $\vec{b}$ e que apresenta módulo igual ao produto entre o módulo de $\vec{a}$, o módulo de $\vec{b}$ e o seno do menor ângulo (θ) entre esses dois vetores, conforme vemos a seguir:

Representação geométrica do produto vetorial entre os vetores $\vec{a}$ e $\vec{b}$

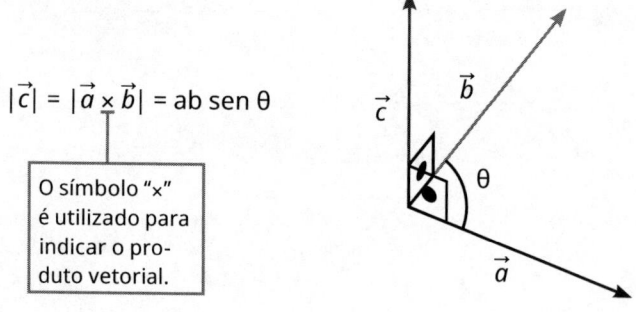

$$|\vec{c}| = |\vec{a} \times \vec{b}| = ab \operatorname{sen} \theta$$

O símbolo "×" é utilizado para indicar o produto vetorial.

O sentido do vetor $\vec{c}$ é determinado pela regra da mão direita, conforme mostra a figura a seguir:

Figura 5.1
Regra da mão direita para determinar a direção e o sentido do vetor resultante de um produto vetorial

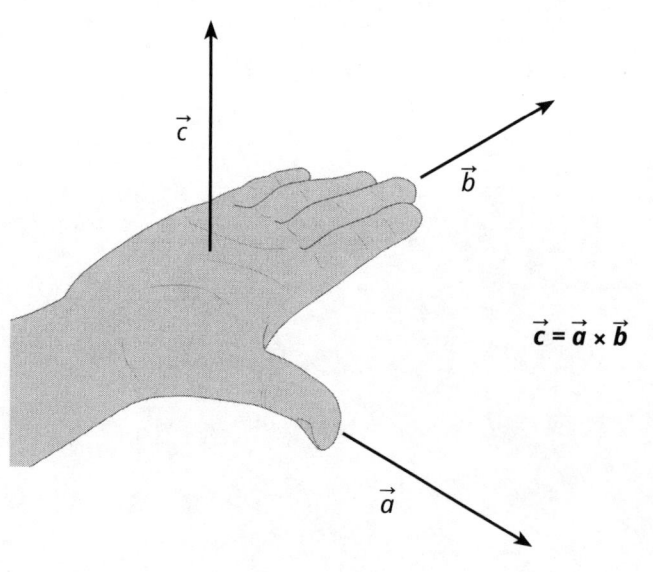

$$\vec{c} = \vec{a} \times \vec{b}$$

Crédito: Natasha Melnick

Abra a sua mão de forma que o polegar aponte na direção e no sentido do primeiro vetor (nesse caso, do vetor $\vec{a}$) e os demais dedos na direção e sentido do segundo vetor (vetor $\vec{b}$). O sentido do vetor $\vec{c}$ é definido pela palma da sua mão.

Em termos geométricos, o módulo do produto vetorial é numericamente igual à área do paralelogramo definido pelos vetores $\vec{a}$ e $\vec{b}$, como podemos ver a seguir.

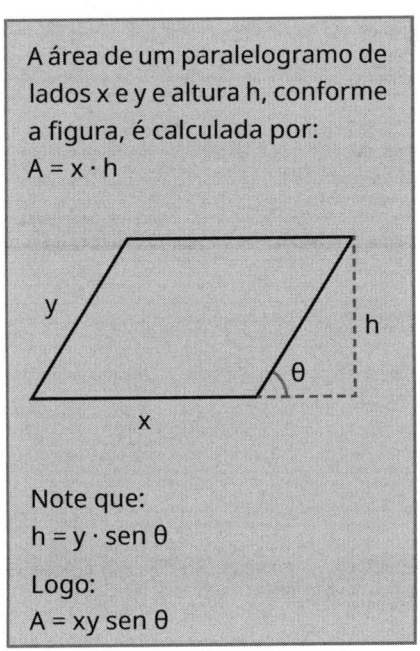

> A área de um paralelogramo de lados x e y e altura h, conforme a figura, é calculada por:
> $A = x \cdot h$
>
> Note que:
> $h = y \cdot \text{sen } \theta$
>
> Logo:
> $A = xy \text{ sen } \theta$

Paralelogramo definido pelos vetores $\vec{a}$ e $\vec{b}$

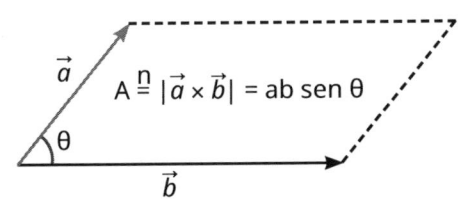

$$A \stackrel{n}{=} |\vec{a} \times \vec{b}| = ab \text{ sen } \theta$$

O sinal $\stackrel{n}{=}$ significa "numericamente igual"

Se os vetores $\vec{a}$ e $\vec{b}$ estiverem escritos em termos dos vetores unitários $\hat{i}$, $\hat{j}$ e $\hat{k}$, como $\vec{a} = a_x\hat{i} + a_y\hat{j} + a_z\hat{k}$ e $\vec{b} = b_x\hat{i} + b_y\hat{j} + b_z\hat{k}$, o produto vetorial pode ser calculado pelo determinante de uma matriz quadrada de terceira ordem:

Produto escalar e produto vetorial

$$\vec{c} = \vec{a} \times \vec{b} = \det \begin{vmatrix} \hat{i} & \hat{j} & \hat{k} \\ a_x & a_y & a_z \\ b_x & b_y & b_z \end{vmatrix}$$

A **Regra de Sarrus** afirma que, para calcular o valor numérico do determinante de uma matriz de ordem 3, é preciso repetir as 2 primeiras colunas da matriz à direita e multiplicar os elementos das diagonais que têm 3 fatores.

Os termos que resultam da multiplicação das diagonais indicadas em vermelho devem ser multiplicados por –1.

Por meio da Regra de Sarrus, temos:

$$\det = \begin{vmatrix} \hat{i} & \hat{j} & \hat{k} \\ a_x & a_y & a_z \\ b_x & b_y & b_z \end{vmatrix} \begin{matrix} \hat{i} & \hat{j} \\ a_x & a_y \\ b_x & b_y \end{matrix}$$

$$-a_y b_x \hat{k} - a_z b_y \hat{i} - a_x b_z \hat{j} \qquad a_y b_z \hat{i} + a_z b_x \hat{j} + a_x b_y \hat{k}$$

Assim,

$$\vec{a} \times \vec{b} = (a_y b_z - a_z b_y)\hat{i} + (a_z b_x - a_x b_z)\hat{j} + (a_x b_y - a_y b_x)\hat{k}$$

Podemos demonstrar a validade desse resultado lembrando que os vetores $\hat{i}$, $\hat{j}$ e $\hat{k}$ formam entre si 90° e que o seno de um ângulo de 90° é 1.

Vetores unitários $\hat{i}$, $\hat{j}$ e $\hat{k}$

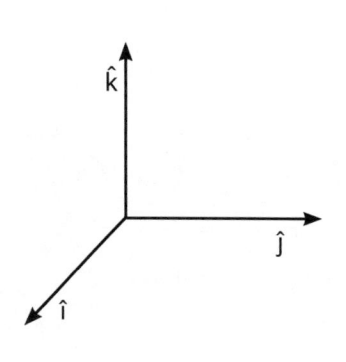

$(\hat{i} \times \hat{i}) = 0$

$(\hat{i} \times \hat{j}) = \hat{k}$

$(\hat{i} \times \hat{k}) = -\hat{j}$

$(\hat{j} \times \hat{i}) = -\hat{k}$

$(\hat{j} \times \hat{j}) = 0$

$(\hat{j} \times \hat{k}) = \hat{i}$

$(\hat{k} \times \hat{i}) = \hat{j}$

$(\hat{k} \times \hat{j}) = -\hat{i}$

$(\hat{k} \times \hat{k}) = 0$

> **Lembre-se!**
> O ângulo entre dois vetores paralelos é zero, pois sen 0° = 0. Isso indica que o produto vetorial entre vetores que estão na mesma direção é igual a zero.

Note que o produto vetorial de um vetor unitário por ele mesmo (termos destacados em negrito no produto vetorial dos vetores unitários da figura anterior) é igual a zero, pois qualquer vetor é paralelo a si mesmo.

Assim:

$$\vec{a} \times \vec{b} = (a_x\hat{\imath} + a_y\hat{\jmath} + a_z\hat{k}) \times (b_x\hat{\imath} + b_y\hat{\jmath} + b_z\hat{k})$$
$$= a_xb_x(\hat{\imath} \times \hat{\imath}) + a_xb_y(\hat{\imath} \times \hat{\jmath}) + a_xb_z(\hat{\imath} \times \hat{k})$$
$$+ a_yb_x(\hat{\jmath} \times \hat{\imath}) + a_yb_y(\hat{\jmath} \times \hat{\jmath}) + a_yb_z(\hat{\jmath} \times \hat{k})$$
$$+ a_zb_x(\hat{k} \times \hat{\imath}) + a_zb_y(\hat{k} \times \hat{\jmath}) + a_zb_z(\hat{k} \times \hat{k})$$

Realizando os produtos vetoriais que estão entre parênteses, temos:

$$\vec{a} \times \vec{b} = (a_x\hat{\imath} + a_y\hat{\jmath} + a_z\hat{k}) \times (b_x\hat{\imath} + b_y\hat{\jmath} + b_z\hat{k})$$
$$= a_xb_x(0) + a_xb_y(\hat{k}) + a_xb_z(-\hat{\jmath})$$
$$+ a_yb_x(-\hat{k}) + a_yb_y(0) + a_yb_z(\hat{\imath})$$
$$+ a_zb_x(\hat{\jmath}) + a_zb_y(-\hat{\imath}) + a_zb_z(0)$$

Por fim, agrupando os termos que apresentam direções coincidentes, temos o mesmo resultado obtido pelo cálculo do determinante:

$$\vec{a} \times \vec{b} = (a_yb_z - a_zb_y)\hat{\imath} + (a_zb_x - a_xb_z)\hat{\jmath} + (a_xb_y - a_yb_x)\hat{k}$$

5.2.1 Propriedades do produto vetorial

A seguir, destacamos quatro propriedades do produto vetorial: a anticomutatividade, a antiassociatividade, a distributividade e a multiplicação por um escalar.

1. **Anticomutatividade** – Dados dois vetores quaisquer $\vec{a}$ e $\vec{b}$ não nulos, então:

$$\vec{a} \times \vec{b} = -\vec{b} \times \vec{a}$$

Já sabemos que:

$$\vec{a} \times \vec{b} = (a_yb_z - a_zb_y)\hat{\imath} + (a_zb_x - a_xb_z)\hat{\jmath} + (a_xb_y - a_yb_x)\hat{k}$$

Se invertermos a ordem dos vetores, obteremos:

$$\vec{b} \times \vec{a} = (b_ya_z - b_za_y)\hat{\imath} + (b_za_x - b_xa_z)\hat{\jmath} + (b_xa_y - b_ya_x)\hat{k}$$

Que é o mesmo que:

$$\vec{b} \times \vec{a} = -(a_yb_z - a_zb_y)\hat{\imath} - (a_zb_x - a_xb_z)\hat{\jmath} - (a_xb_y - a_yb_x)\hat{k}$$

Note que as componentes do vetor resultante do produto vetorial $\vec{b} \times \vec{a}$ são as mesmas que a do produto vetorial $\vec{a}$ e $\vec{b}$ multiplicadas por –1, ou seja:

$$\vec{a} \times \vec{b} = -\vec{b} \times \vec{a}$$

Conforme queríamos demonstrar!

Produto escalar e produto vetorial

Exemplo 5.10

O momento angular ($\vec{L}$) é uma grandeza física relacionada à rotação e à translação de uma partícula. É definido pelo produto vetorial entre o vetor posição ($\vec{r}$) da partícula e o seu momento linear ($\vec{p}$):

$$\vec{L} = \vec{r} \times \vec{p}$$

Em dado instante de tempo, a posição de uma partícula e o seu momento linear, em relação a um sistema de referência, são dados respectivamente pelos vetores:

$\vec{r} = (5 \text{ m})\hat{i} + (-2 \text{ m})\hat{j} + (6 \text{ m})\hat{k}$

$\vec{p} = (5 \text{ kg} \cdot \text{m/s})\hat{i} + (-2 \text{ kg} \cdot \text{m/s})\hat{j} + (6 \text{ kg} \cdot \text{m/s})\hat{k}$

Mostre que, se alterarmos a ordem dessas grandezas na hora de calcular o produto vetorial, o resultado será um valor simétrico ao que nos fornece o valor do momento angular.

Resolução:

O vetor momento angular pode ser calculado pelo determinante:

$$\vec{L} = \vec{r} \times \vec{p} = \begin{vmatrix} \hat{i} & \hat{j} & \hat{k} \\ 2 \text{ m} & -4 \text{ m} & 8 \text{ m} \\ 5 \text{ kg} \cdot \text{m/s} & -2 \text{ kg} \cdot \text{m/s} & 6 \text{ kg} \cdot \text{m/s} \end{vmatrix}$$

Aplicando a Regra de Sarrus, obtemos:

$$\vec{L} = \vec{r} \times \vec{p} = \begin{vmatrix} \hat{i} & \hat{j} & \hat{k} \\ 2 \text{ m} & -4 \text{ m} & 8 \text{ m} \\ 5 \text{ kg} \cdot \text{m/s} & -2 \text{ kg} \cdot \text{m/s} & 6 \text{ kg} \cdot \text{m/s} \end{vmatrix} \begin{matrix} \hat{i} & \hat{j} \\ 2 \text{ m} & -4 \text{ m} \\ 5 \text{ kg} \cdot \text{m/s} & -2 \text{ kg} \cdot \text{m/s} \end{matrix}$$

$\vec{L} = \vec{r} \times \vec{p} =$

$= (-24 \text{ kg} \cdot \text{m}^2/\text{s} + 16 \text{ kg} \cdot \text{m}^2/\text{s})\hat{i}$

$+ (40 \text{ kg} \cdot \text{m}^2/\text{s} - 12 \text{ kg} \cdot \text{m}^2/\text{s})\hat{j}$

$+ (-4 \text{ kg} \cdot \text{m}^2/\text{s} + 20 \text{ kg} \cdot \text{m}^2/\text{s})\hat{k}$

O vetor momento angular é, portanto:

$$\vec{L} = \vec{r} \times \vec{p} = (-8 \text{ kg} \cdot \text{m}^2/\text{s})\hat{i} + (28 \text{ kg} \cdot \text{m}^2/\text{s})\hat{j} + (16 \text{ kg} \cdot \text{m}^2/\text{s})\hat{k}$$

Agora, vamos calcular $\vec{p} \times \vec{r}$:

$$\vec{p} \times \vec{r} = \begin{vmatrix} \hat{i} & \hat{j} & \hat{k} \\ 5 \text{ kg} \cdot \text{m/s} & -2 \text{ kg} \cdot \text{m/s} & 6 \text{ kg} \cdot \text{m/s} \\ 2 \text{ m} & -4 \text{ m} & 8 \text{ m} \end{vmatrix}$$

Aplicando a Regra de Sarrus para calcular o determinante, obtemos:

$$\vec{p} \times \vec{r} = \begin{vmatrix} \hat{i} & \hat{j} & \hat{k} \\ 5 \text{ kg} \cdot \text{m/s} & -2 \text{ kg} \cdot \text{m/s} & 6 \text{ kg} \cdot \text{m/s} \\ 2 \text{ m} & -4 \text{ m} & 8 \text{ m} \end{vmatrix} \begin{matrix} \hat{i} & \hat{j} \\ 5 \text{ kg} \cdot \text{m/s} & -2 \text{ kg} \cdot \text{m/s} \\ 2 \text{ m} & -4 \text{ m} \end{matrix}$$

$\vec{p} \times \vec{r} =$

$= (-16 \text{ kg} \cdot \text{m}^2/\text{s} + 24 \text{ kg} \cdot \text{m}^2/\text{s})\hat{i}$

$+ (12 \text{ kg} \cdot \text{m}^2/\text{s} - 40 \text{ kg} \cdot \text{m}^2/\text{s})\hat{j}$

$+ (-20 \text{ kg} \cdot \text{m}^2/\text{s} + 4 \text{ kg} \cdot \text{m}^2/\text{s})\hat{k}$

Assim:

$$\vec{p} \times \vec{r} = (8 \text{ kg} \cdot \text{m}^2/\text{s})\hat{i} + (-28 \text{ kg} \cdot \text{m}^2/\text{s})\hat{j} + (-16 \text{ kg} \cdot \text{m}^2/\text{s})\hat{k}$$

Note que esse resultado é o simétrico do vetor $\vec{L}$, ou seja:

$$\vec{L} = \vec{r} \times \vec{p} = -\vec{p} \times \vec{r}$$

Produto escalar e produto vetorial

Observação:

O módulo de $\vec{r} \times \vec{p}$ tem o mesmo resultado do módulo de $\vec{p} \times \vec{r}$. Observe:

$|\vec{r} \times \vec{p}| = \sqrt{(-8 \text{ kg} \cdot \text{m}^2/\text{s})^2 + (28 \text{ kg} \cdot \text{m}^2/\text{s})^2 + (-16 \text{ kg} \cdot \text{m}^2/\text{s})^2}$

$|\vec{r} \times \vec{p}| = 33,2 \text{ kg} \cdot \text{m}^2/\text{s}$

$|\vec{p} \times \vec{r}| = \sqrt{(8 \text{ kg} \cdot \text{m}^2/\text{s})^2 + (-28 \text{ kg} \cdot \text{m}^2/\text{s})^2 + (16 \text{ kg} \cdot \text{m}^2/\text{s})^2}$

$|\vec{p} \times \vec{r}| = 33,2 \text{ kg} \cdot \text{m}^2/\text{s}$

Ou seja: $|\vec{r} \times \vec{p}| = |\vec{p} \times \vec{r}|$

2. **Antiassociatividade** – Dados três vetores quaisquer $\vec{a}$, $\vec{b}$ e $\vec{c}$ não nulos, verifica-se que:

$$\vec{a} \times (\vec{b} \times \vec{c}) \neq (\vec{a} \times \vec{b}) \times \vec{c}$$

Demonstração:

$$\vec{b} \times \vec{c} = (b_y c_z - b_z c_y)\hat{i} + (b_z c_x - b_x c_z)\hat{j} + (b_x c_y - b_y c_x)\hat{k}$$

Agora, vamos calcular $\vec{a} (\vec{b} \cdot \vec{c})$:

$$\det = \begin{vmatrix} \hat{i} & \hat{j} & \hat{k} \\ a_x & a_y & a_z \\ (b_y c_z - b_z c_y) & (b_z c_x - b_x c_z) & (b_x c_y - b_y c_x) \end{vmatrix} \begin{matrix} \hat{i} & \hat{j} \\ a_x & a_y \\ (b_y c_z - b_z c_y) & (b_z c_x - b_x c_z) \end{matrix}$$

$\vec{a} \times (\vec{b} \times \vec{c}) = (a_y b_x c_y - a_y b_y c_x)\hat{i} + (a_z b_y c_z - a_z b_z c_y)\hat{j} + (a_x b_z c_x - a_x b_x c_z)\hat{k} - (a_y b_y c_z - a_y b_z c_y)\hat{k} - (a_z b_z c_x - a_z b_x c_z)\hat{i} - (a_x b_x c_y - a_x b_y c_x)\hat{j}$

$\vec{a} \times (\vec{b} \times \vec{c}) = (a_y b_x c_y - a_y b_y c_x - a_z b_z c_x + a_z b_x c_z)\hat{i} + (a_z b_y c_z - a_z b_z c_y - a_x b_x c_y + a_x b_y c_x)\hat{j} + (a_x b_z c_x - a_x b_x c_z - a_y b_y c_z + a_y b_z c_y)\hat{k}$

Sabemos que:

$$\vec{a} \times \vec{b} = (a_y b_z - a_z b_y)\hat{i} + (a_z b_x - a_x b_z)\hat{j} + (a_x b_y - a_y b_x)\hat{k}$$

Agora, vamos calcular $(\vec{a} \times \vec{b}) \times \vec{c}$:

$$\det = \begin{vmatrix} \hat{i} & \hat{j} & \hat{k} \\ (a_yb_z - a_zb_y) & (a_zb_x - a_xb_z) & (a_xb_y - a_yb_x) \\ c_x & c_y & c_z \end{vmatrix} \begin{matrix} \hat{i} & \hat{j} \\ (a_yb_z - a_zb_y) & (a_zb_x - a_xb_z) \\ c_x & c_y \end{matrix}$$

$(\vec{a} \times \vec{b}) \times \vec{c} = (a_zb_xc_z - a_xb_zc_z)\hat{i} + (a_xb_yc_x - a_yb_xc_x)\hat{j} + (a_yb_zc_y - a_zb_yc_y)\hat{k} - (a_zb_xc_x - a_xb_zc_x)\hat{k} - (a_xb_yc_y - a_yb_xc_y)\hat{i} - (a_yb_zc_z - a_zb_yc_z)\hat{j}$

$(\vec{a} \times \vec{b}) \times \vec{c} = (a_zb_xc_z - a_xb_zc_z - a_xb_yc_y + a_yb_xc_y)\hat{i} + (a_xb_yc_x - a_yb_xc_x - a_yb_zc_z + a_zb_yc_z)\hat{j} + (a_yb_zc_y - a_zb_yc_y - a_zb_xc_x + a_xb_zc_x)\hat{k}$

Comparando as componentes da operação $\vec{a} \times (\vec{b} \times \vec{c})$ com as da operação $(\vec{a} \times \vec{b}) \times \vec{c}$, verificamos que:

$(a_yb_xc_y - a_yb_yc_x - a_zb_zc_x + a_zb_xc_z) \neq (a_zb_xc_z - a_xb_zc_z - a_xb_yc_y + a_yb_xc_y)$

$(a_zb_yc_z - a_zb_zc_y - a_xb_xc_y + a_xb_yc_x) \neq (a_xb_yc_x - a_yb_xc_x - a_yb_zc_z + a_zb_yc_z)$

$(a_xb_zc_x - a_xb_xc_z - a_yb_yc_z + a_yb_zc_y) \neq (a_yb_zc_y - a_zb_yc_y - a_zb_xc_x + a_xb_zc_x)$

Ou seja,

$\vec{a} \times (\vec{b} \times \vec{c}) \neq (\vec{a} \times \vec{b}) \times \vec{c}$

Assim como queríamos demonstrar!

Exemplo 5.11

Dados três vetores adimensionais:

$\vec{A} = (-2)\hat{i} + (1)\hat{j}$

$\vec{B} = (3)\hat{i}$

$\vec{C} = (5)\hat{j} + (-2)\hat{k}$

Calcule $\vec{A} \times (\vec{B} \times \vec{C})$ e $(\vec{A} \times \vec{B}) \times \vec{C}$ e verifique a antiassociatividade do produto vetorial.

Produto escalar e produto vetorial

Resolução:

$$\vec{B} \times \vec{C} = \begin{vmatrix} \hat{i} & \hat{j} & \hat{k} \\ 3 & 0 & 0 \\ 0 & 5 & -2 \end{vmatrix} \begin{matrix} \hat{i} & \hat{j} \\ 3 & 0 \\ 0 & 5 \end{matrix}$$

$\vec{B} \times \vec{C} = (6)\hat{j} + (15)\hat{k}$

$$\vec{A} \times (\vec{B} \times \vec{C}) = \begin{vmatrix} \hat{i} & \hat{j} & \hat{k} \\ -2 & 1 & 0 \\ 0 & 6 & 15 \end{vmatrix} \begin{matrix} \hat{i} & \hat{j} \\ -2 & 1 \\ 0 & 6 \end{matrix}$$

Assim:

$\vec{A} \times (\vec{B} \times \vec{C}) = (15)\hat{i} + (30)\hat{j} + (-12)\hat{k}$

Agora, vamos calcular $(\vec{A} \times \vec{B}) \times \vec{C}$:

$$\vec{A} \times \vec{B} = \begin{vmatrix} \hat{i} & \hat{j} & \hat{k} \\ -2 & 1 & 0 \\ 3 & 0 & 0 \end{vmatrix} \begin{matrix} \hat{i} & \hat{j} \\ -2 & 1 \\ 3 & 0 \end{matrix}$$

$\vec{A} \times \vec{B} = (-3)\hat{k}$

$$(\vec{A} \times \vec{B}) \times \vec{C} = \begin{vmatrix} \hat{i} & \hat{j} & \hat{k} \\ 0 & 0 & -3 \\ 0 & 5 & -2 \end{vmatrix} \begin{matrix} \hat{i} & \hat{j} \\ 0 & 0 \\ 0 & 5 \end{matrix}$$

Dessa forma:

$(\vec{A} \times \vec{B}) \times \vec{C} = (15)\hat{i}$

Portanto, $\vec{A} \times (\vec{B} \times \vec{C}) = (15)\hat{i} + (30)\hat{j} + (-12)\hat{k} \neq (\vec{A} \times \vec{B}) \times \vec{C} = (15)\hat{i}$.

3. **Distributividade** – Dados três vetores quaisquer $\vec{a}$, $\vec{b}$ e $\vec{c}$ não nulos, observa-se que:

$\vec{a} \times (\vec{b} + \vec{c}) = \vec{a} \times \vec{b} + \vec{a} \times \vec{c}$

A soma $\vec{b} + \vec{c}$ é dada por:

$\vec{b} + \vec{c} = (b_x + c_x)\hat{i} + (b_y + c_y)\hat{j} + (b_z + c_z)\hat{k}$

O produto vetorial $\vec{a} \times (\vec{b} + \vec{c})$ é obtido pelo determinante:

$$\det = \begin{vmatrix} \hat{i} & \hat{j} & \hat{k} \\ a_x & a_y & a_z \\ (b_x + c_x) & (b_y + c_y) & (b_z + c_z) \end{vmatrix} \begin{matrix} \hat{i} & \hat{j} \\ a_x & a_y \\ (b_x + c_x) & (b_y + c_y) \end{matrix}$$

$\vec{a} \times (\vec{b} + \vec{c}) = (a_y b_z + a_y c_z)\hat{i} + (a_z b_x + a_z c_x)\hat{j} + (a_x b_y + a_x c_y)\hat{k} - (a_y b_x + a_y c_x)\hat{k} - (a_z b_y + a_z c_y)\hat{i} - (a_x b_z + a_x c_z)\hat{j}$

Logo:

$\vec{a} \times (\vec{b} \times \vec{c}) = (a_y b_z + a_y c_z - a_z b_y - a_z c_y)\hat{i} + (a_z b_x + a_z c_x - a_x b_z - a_x c_z)\hat{j} + (a_x b_y + a_x c_y - a_y b_x - a_y c_x)\hat{k}$

Agora, vamos calcular $\vec{a} \times \vec{b}$ e $\vec{a} \times \vec{c}$ e, em seguida, somar os resultados. Já sabemos que:

$\vec{a} \times \vec{b} = (a_y b_z - a_z b_y)\hat{i} + (a_z b_x - a_x b_z)\hat{j} + (a_x b_y - a_y b_x)\hat{k}$

E que:

$\vec{a} \times \vec{c} = (a_y c_z - a_z c_y)\hat{i} + (a_z c_x - a_x c_z)\hat{j} + (a_x c_y - a_y c_x)\hat{k}$

Somando esses dois resultados, temos:

$\vec{a} \times \vec{b} + \vec{a} \times \vec{c} = (a_y b_z + a_y c_z - a_z b_y - a_z c_y)\hat{i} + (a_z b_x + a_z c_x - a_x b_z - a_x c_z)\hat{j} + (a_x b_y + a_x c_y - a_y b_x - a_y c_x)\hat{k}$

Comparando os resultados, verificamos que $\vec{a} \times (\vec{b} + \vec{c}) = \vec{a} \times \vec{b} + \vec{a} \times \vec{c}$.

Exemplo 5.12

A grandeza física torque ($\vec{\tau}$) é definida pelo produto vetorial entre o raio vetor de uma partícula e a força que ela experimenta, ou seja:

$\vec{\tau} = \vec{r} \times \vec{F}$

Em determinado instante, uma partícula cujo raio vetor vale $\vec{r} = (2\text{ m})\hat{i} + (3\text{m})\hat{k}$ está sujeita às forças $\vec{F}_1 = (3\text{ N})\hat{i} + (5\text{ N})\hat{k}$ e $\vec{F}_2 = (-1\text{ N})\hat{j}$. Mostre que o torque resultante ($\vec{\tau}_{res}$) pode ser calculado por:

$\vec{\tau}_{res} = \vec{\tau}_1 + \vec{\tau}_2 = \vec{r} \times \vec{F}_1 + \vec{r} \times \vec{F}_2$

Ou, então, por:

$\vec{\tau}_{res} = \vec{r} \times \vec{F}_{res}$

Em que $\vec{F}_{res}$ é a força resultante.

Produto escalar e produto vetorial

Resolução:

Vamos calcular individualmente os torques provocados pelas forças $\vec{F}_1$ e $\vec{F}_2$:

$$\vec{\tau}_1 = \vec{r} \times \vec{F}_1 = \begin{vmatrix} \hat{i} & \hat{j} & \hat{k} \\ 2\,m & 1 & 3\,m \\ 3\,N & 0 & 5\,N \end{vmatrix} \begin{vmatrix} \hat{i} & \hat{j} \\ 2\,m & 0 \\ 3\,N & 0 \end{vmatrix}$$

$\vec{\tau}_1 = (9\,Nm - 10\,Nm)_{\hat{j}} = (-1\,Nm)_{\hat{j}}$

$$\vec{\tau}_2 = \vec{r} \times \vec{F}_2 = \begin{vmatrix} \hat{i} & \hat{j} & \hat{k} \\ 2\,m & 0 & 3\,m \\ 0 & -1 & 0 \end{vmatrix} \begin{vmatrix} \hat{i} & \hat{j} \\ 2\,m & 0 \\ 0 & -1 \end{vmatrix}$$

$\vec{\tau}_2 = (3\,Nm)_{\hat{i}} + (-2\,Nm)_{\hat{k}}$

$\vec{\tau}_{res} = (3\,Nm)_{\hat{i}} + (-1\,Nm)_{\hat{j}} + (-2\,Nm)_{\hat{k}}$

Agora, vamos calcular o torque resultante por $\vec{\tau}_{res} = \vec{r} \times \vec{F}_{res}$ para ver se chegamos ao mesmo resultado. Note que:

$\vec{F}_{res} = \vec{F}_1 + \vec{F}_2 = (3\,N)_{\hat{i}} + (-1\,N)_{\hat{j}} + (5\,N)_{\hat{k}}$

$$\vec{\tau}_{res} = \vec{r} \times \vec{F}_{res} = \begin{vmatrix} \hat{i} & \hat{j} & \hat{k} \\ 2\,m & 0 & 3\,m \\ 3\,N & -1\,N & 5\,N \end{vmatrix} \begin{vmatrix} \hat{i} & \hat{j} \\ 2\,m & 0 \\ 3\,N & -1\,N \end{vmatrix}$$

$\vec{\tau}_{res} = (3\,Nm)_{\hat{i}} + (9\,N - 10\,Nm)_{\hat{j}} + (-2\,Nm)_{\hat{k}}$

$\vec{\tau}_{res} = (3\,Nm)_{\hat{i}} + (-1\,Nm)_{\hat{j}} + (-2\,Nm)_{\hat{k}}$

Ou seja:

$\vec{\tau}_{res} = \vec{\tau}_1 + \vec{\tau}_2 = \vec{r} \times \vec{F}_{res}$

Com esse exemplo, verificamos a propriedade distributiva do produto vetorial.

4. **Multiplicação por um escalar** – Dados os vetores $\vec{a}$ e $\vec{b}$ e um escalar k, verifica-se que:

$k(\vec{a} \times \vec{b}) = k\vec{a} \cdot \vec{b} = \vec{a} \times k\vec{b}$

A multiplicação do produto vetorial $\vec{a} \times \vec{b}$ por um escalar k resulta na seguinte expressão:

$$k(\vec{a} \times \vec{b}) = k(a_y b_z - a_z b_y)\hat{i} + k(a_z b_x - a_x b_z)\hat{j} + k(a_x b_y - a_y b_x)\hat{k}$$

Vamos comparar esse resultado com os produtos vetoriais $k\vec{a} \times \vec{b}$ e $\vec{a} \times k\vec{b}$. A multiplicação do vetor $\vec{a}$ pelo escalar k resulta em:

$$k\vec{a} = ka_x\hat{i} + ka_y\hat{j} + ka_z\hat{k}$$

O produto vetorial $k\vec{a} \times \vec{b}$ é obtido pelo determinante:

$$k\vec{a} \times \vec{b} = \det \begin{vmatrix} \hat{i} & \hat{j} & \hat{k} \\ ka_x & ka_y & ka_z \\ b_x & b_y & b_z \end{vmatrix}$$

$$k\vec{a} \times \vec{b} = (ka_y b_z - ka_z b_y)\hat{i} + (ka_z b_x - ka_x b_z)\hat{j} + (ka_x b_y - ka_y b_x)\hat{k}$$

Colocando em evidência o escalar k no segundo membro dessa equação, obtemos o mesmo resultado encontrado na multiplicação do produto vetorial $\vec{a} \times \vec{b}$ pelo escalar k. Esse mesmo procedimento pode ser utilizado para mostrar que $k(\vec{a} \times \vec{b}) = \vec{a} \times k\vec{b}$.

Lembre-se!

A unidade de campo magnético no SI é o tesla (T), em homenagem ao croata Nikola Tesla (1856–1943), que, com seus estudos no fim do século XIX, forneceu diversas contribuições no campo do eletromagnetismo.

Exemplo 5.13

A força $\vec{F}$ que uma partícula de carga elétrica experimenta, movendo-se em um campo magnético $\vec{B}$ com velocidade $\vec{v}$, é dada por:

$$\vec{F} = q(\vec{v} \times \vec{B})$$

Calcule a força $\vec{F}$ experimentada por uma partícula de carga $q = -1{,}602 \cdot 10^{-19}$ C, movendo-se com velocidade $\vec{v} = (1{,}5 \cdot 10^7 \text{ m/s})\hat{i}$ em um campo magnético de $\vec{B} = (2\text{ T})\hat{j}$. Mostre que $\vec{F} = q(\vec{v} \times \vec{B}) = \vec{F} = q\vec{v} \times \vec{B} = \vec{v} \times q\vec{B}$.

Produto escalar e produto vetorial

Resolução:

Primeiramente, vamos calcular:

$$\vec{v} \times \vec{B} = \det \begin{vmatrix} \hat{i} & \hat{j} & \hat{k} \\ 1{,}5 \cdot 10^7 \text{ m/s} & 0 & 0 \\ 0 & 2\text{ T} & 0 \end{vmatrix}$$

$$\vec{v} \times \vec{B} = \begin{vmatrix} \hat{i} & \hat{j} & \hat{k} \\ 1{,}5 \cdot 10^7 \text{ m/s} & 0 & 0 \\ 0 & 2\text{ T} & 0 \end{vmatrix} \begin{matrix} \hat{i} & \hat{j} \\ 1{,}5 \cdot 10^7 \text{ m/s} & 0 \\ 0 & 2\text{ T} \end{matrix}$$

$$\vec{v} \times \vec{B} = (3 \cdot 10^7 \text{ T} \cdot \text{m/s})\hat{k}$$

Multiplicando esse valor pela carga q, obtemos a força $\vec{F}$:

$$\vec{F} = q(\vec{v} \times \vec{B}) = -1{,}602 \cdot 10^{-19} \text{ C} \cdot (3 \cdot 10^7 \text{ T} \cdot \text{m/s})\hat{k}$$

$$\vec{F} = q(\vec{v} \times \vec{B}) = (-4{,}806 \cdot 10^{-12} \text{ N})\hat{k}$$

Note que "coulomb" vezes "tesla" vezes "metro por segundo" é igual a "newton", ou seja, $C \cdot T \cdot \dfrac{m}{s} = N$.

Para mostrar a equivalência entre os resultados, podemos inserir o valor da carga diretamente na matriz:

$$\vec{F} = q\vec{v} \times \vec{B} = \begin{vmatrix} \hat{i} & \hat{j} & \hat{k} \\ -1{,}602 \cdot 10^{-19} \text{ C} \cdot 1{,}5 \cdot 10^7 \text{m/s} & 0 & 0 \\ 0 & 2\text{ T} & 0 \end{vmatrix} \begin{matrix} \hat{i} & \hat{j} \\ -1{,}602 \cdot 10^{-19} \text{ C} \cdot 1{,}5 \cdot 10^7 \text{m/s} & 0 \\ 0 & 2\text{ T} \end{matrix}$$

$$\vec{F} = q\vec{v} \times \vec{B} = (-4{,}806 \cdot 10^{-12} \text{ N})\hat{k}$$

Ou, então:

$$\vec{F} = \vec{v} \times q\vec{B} = \begin{vmatrix} \hat{i} & \hat{j} & \hat{k} \\ 1{,}5 \cdot 10^7 \text{ m/s} & 0 & 0 \\ 0 & -1{,}602 \cdot 10^{-19} \text{ C} \cdot 2\text{ T} & 0 \end{vmatrix} \begin{vmatrix} \hat{i} & \hat{j} \\ 1{,}5 \cdot 10^7 \text{ m/s} & 0 \\ 0 & -1{,}602 \cdot 10^{-19} \text{ C} \cdot 2\text{ T} \end{vmatrix}$$

$\vec{F} = \vec{v} \times q\vec{B} = (-4{,}806 \cdot 10^{-12} \text{ N})\hat{k}$

Assim, mostramos por meio de um exemplo que $\vec{F} = q(\vec{v} \times \vec{B}) = q\vec{v} \times \vec{B} = \vec{v} \times q\vec{B}$.

Questões para revisão

1. Determine o módulo dos seguintes vetores.
   a) $\vec{F} = (2 \text{ N})\hat{i} + (-8 \text{ N})\hat{j} + (4 \text{ N})\hat{k}$
   b) $\vec{v} = (-3 \text{ m/s})\hat{i} + (7 \text{ m/s})\hat{j} + (-1 \text{ m/s})\hat{k}$
   c) $\vec{d} = (-1 \text{ m})\hat{i} + (-2 \text{ m})\hat{j} + (1 \text{ m})\hat{k}$
   d) $\vec{p} = (3 \text{ kgm/s})\hat{i} + (-2 \text{ kgm/s})\hat{j} + (2 \text{ kgm/s})\hat{k}$
   e) $\vec{a} = (7 \text{ m/s}^2)\hat{i} + (-5 \text{ m/s}^2)\hat{j} + (6 \text{ m/s}^2)\hat{k}$

2. Calcule o produto escalar W entre os vetores $\vec{F} = (2 \text{ N})\hat{i} + (-8 \text{ N})\hat{j} + (4 \text{ N})\hat{k}$ e $\vec{d} = (-1 \text{ m})\hat{i} + (-2 \text{ m})\hat{j} + (1 \text{ m})\hat{k}$.

3. Determine o valor de k para que os vetores $\vec{v} = (2 \text{ m/s})\hat{i} + (-5 \text{ m/s})\hat{j}$ e $\vec{r} = (k\text{m})\hat{i} + (4 \text{ m})\hat{j}$ sejam ortogonais.

4. Calcule o ângulo entre os vetores $\vec{A} = (2 \text{ m})\hat{i} + (1 \text{ m})\hat{j}$ e $\vec{B} = (-2 \text{ m})\hat{i} + (-1\text{m})\hat{j}$.

5. Represente os vetores da questão 4 em um plano de coordenadas cartesianas.

6. Calcule o ângulo entre os vetores $\vec{A} = (2 \text{ m})\hat{i} + (1 \text{ m})\hat{j}$ e $\vec{B} = (5 \text{ m})\hat{i} + (2{,}5 \text{ m})\hat{j}$.

7. Represente os vetores da questão 6 em um plano de coordenadas cartesianas.

8. Considere um sistema ortogonal de coordenadas representado pelos eixos x, y e z e os respectivos vetores unitários $\hat{i}$, $\hat{j}$ e $\hat{k}$. O resultado do produto vetorial entre os vetores $\vec{v} = (2 \text{ m/s})\hat{i}$ e $\vec{B} = (5 \text{ T})\hat{j}$ é um terceiro vetor que está na direção:
   a) do eixo x.
   b) do eixo y.
   c) do eixo z.
   d) entre os eixos x e y.
   e) entre os eixos y e z.

Produto escalar e produto vetorial

9. Calcule o produto vetorial entre os vetores:

    $\vec{r} = (2 \text{ m})\hat{i}$

    $\vec{F} = (50 \text{ N})\hat{i}$

10. Calcule o vetor momento angular ($\vec{L}$) dado pelo produto vetorial entre os vetores:

    $\vec{r} = (2 \text{ m})\hat{i} + (-1 \text{ m})\hat{k}$

    $\vec{p} = (3 \text{ kg} \cdot \text{m/s})\hat{j} + (2 \text{ kg} \cdot \text{m/s})\hat{k}$

Considerações finais

Nesta obra, apresentamos a você, leitor, em linguagem dialógica, aspectos históricos da evolução da física e as principais ferramentas utilizadas no estudo dessa área.

A apresentação cronológica de determinadas teorias científicas possibilitam a percepção de que, embora tenhamos alguns expoentes que se destacaram na construção e na evolução da ciência, os esforços de toda a comunidade científica, e não apenas de alguns gênios, são os responsáveis por nos colocar no estágio de desenvolvimento atual. Portanto, nossa visão centra-se no fato de que a física é uma construção humana, cheia de idas e vindas, embates e consensos.

Sistemas e conversões de unidades, análise dimensional, operações com números representados em notação científica, algarismos significativos, operações com vetores, produto escalar e produto vetorial constituem um arcabouço de ferramentas imprescindíveis para que você obtenha êxito em um curso mais avançado de física. Além desses conceitos, apresentamos diversos exemplos para que você pudesse entender cada vez mais os aspectos teóricos apresentados na obra, cada qual pensado criteriosamente para levá-lo ao entendimento das ferramentas que tornarão o estudo da física mais fácil, o que, certamente, despertará o seu gosto por essa ciência, tida por muitos como a mais fundamental.

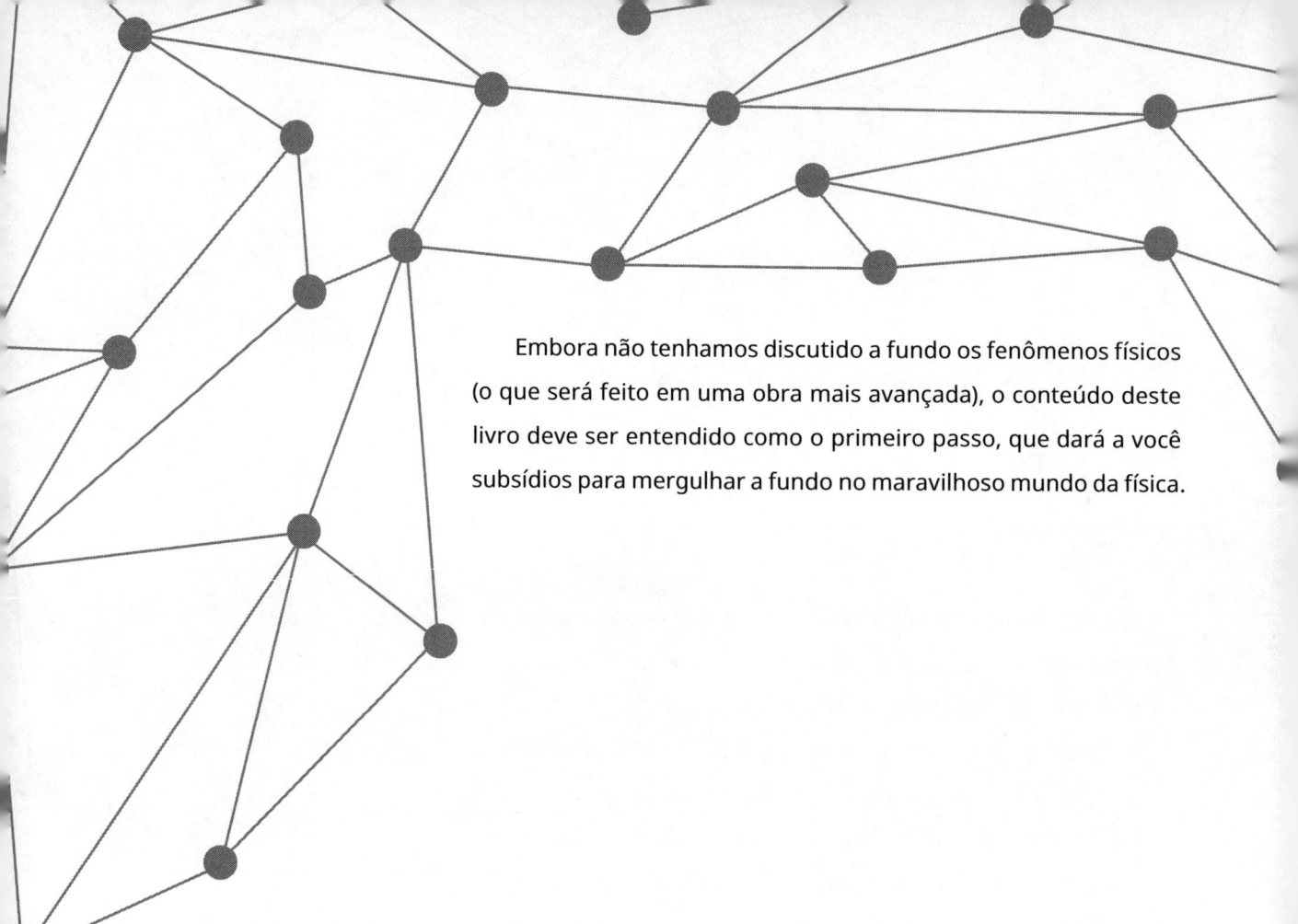

Embora não tenhamos discutido a fundo os fenômenos físicos (o que será feito em uma obra mais avançada), o conteúdo deste livro deve ser entendido como o primeiro passo, que dará a você subsídios para mergulhar a fundo no maravilhoso mundo da física.

Referências

ABRACORE – Associação Brasileira de Colecionadores e Restauradores de Relógios. Os relógios e sua evolução. *Tempus Fugit*, ano 1, n. 4, mar./abr. 2010. Disponível em: <http://www.abracore.org.br/tempusfugit-04.htm>. Acesso em: 21 ago. 2014.

ARQUIMEDES. **Carta ao Rei Gelão**. Departamento de Educação da Universidade de Lisboa. O Contador de Areia. Tradução feita pela Universidade de Lisboa. Disponível em: <http://www.educ.fc.ul.pt/docentes/opombo/seminario/contadorareia/traducao.htm>. Acesso em: 12 ago. 2014.

BASSALO, J. M. **Curiosidades da física**. Disponível em: <http://www.seara.ufc.br/folclore/folclore109.htm>. Acesso em: 7 out. 2014.

BEM-DOV, Y. **Convite à física**. Rio de Janeiro: Jorge Zahar Ed., 1995.

BÍBLIA (Novo Testamento). Gênesis. Português. **Bíblia Online**. Tradução de Almeida corrigida e revisada, fiel ao texto original. cap. 6, vers. 15. Disponível em: <https://www.bibliaonline.com.br/acf/gn/6/15+#v15>. Acesso em: 24 set. 2014.

CHEVALLARD, Y. **La transposición didáctica**: del saber sabio al saber enseñado. Buenos Aires: Aique Grupo Editor, 2005.

CHOPPIN, A. História dos livros e das edições didáticas: sobre o estado da arte. **Educação e Pesquisa**, São Paulo, v. 30, n. 3, p. 549-566, set./dez. 2004. Disponível em: <http://www.scielo.br/pdf/ep/v30n3/a12v30n3.pdf>. Acesso em: 11 jul. 2014.

DINIZ, E. D. P. (Org.). **Medidas e medições**. 2009. Disponível em: <http://www.ebah.com.br/content/ABAAAAm1kAB/apostila-metrologia>. Acesso em: 21 ago. 2014.

E-DUCATIVA CATEDU. **Sistema métrico decimal (1/3)**. Disponível em: <http://e-ducativa.catedu.es/44700165/aula/archivos/repositorio/5000/5238/html/recursos_externos/tema5/contenido/decimal.html>. Acesso em: 21 ago. 2014.

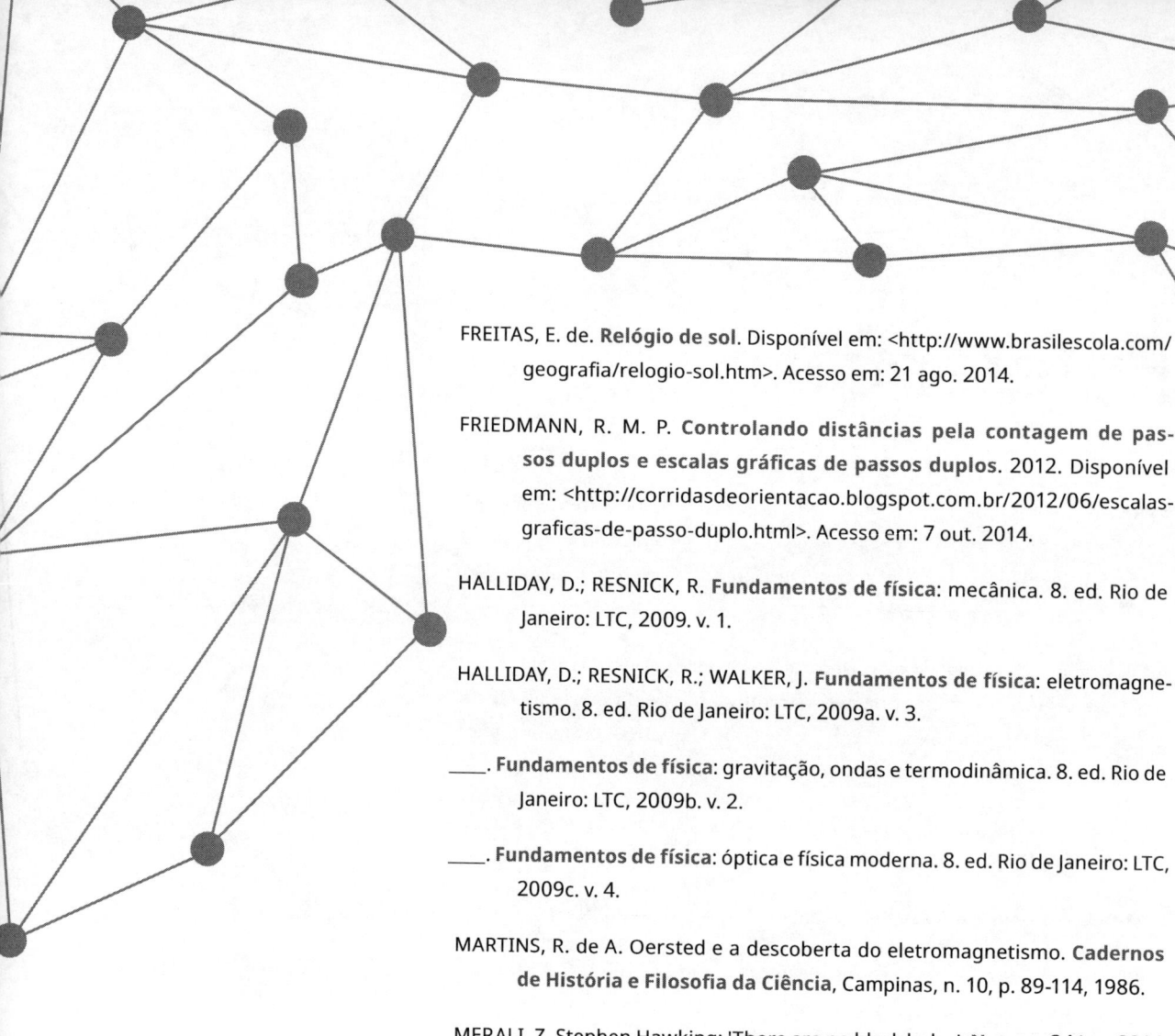

FREITAS, E. de. **Relógio de sol**. Disponível em: <http://www.brasilescola.com/geografia/relogio-sol.htm>. Acesso em: 21 ago. 2014.

FRIEDMANN, R. M. P. **Controlando distâncias pela contagem de passos duplos e escalas gráficas de passos duplos**. 2012. Disponível em: <http://corridasdeorientacao.blogspot.com.br/2012/06/escalas-graficas-de-passo-duplo.html>. Acesso em: 7 out. 2014.

HALLIDAY, D.; RESNICK, R. **Fundamentos de física**: mecânica. 8. ed. Rio de Janeiro: LTC, 2009. v. 1.

HALLIDAY, D.; RESNICK, R.; WALKER, J. **Fundamentos de física**: eletromagnetismo. 8. ed. Rio de Janeiro: LTC, 2009a. v. 3.

____. **Fundamentos de física**: gravitação, ondas e termodinâmica. 8. ed. Rio de Janeiro: LTC, 2009b. v. 2.

____. **Fundamentos de física**: óptica e física moderna. 8. ed. Rio de Janeiro: LTC, 2009c. v. 4.

MARTINS, R. de A. Oersted e a descoberta do eletromagnetismo. **Cadernos de História e Filosofia da Ciência**, Campinas, n. 10, p. 89-114, 1986.

MERALI, Z. Stephen Hawking: 'There are no black holes'. **Nature**, 24 jan. 2014. Disponível em: <http://www.nature.com/news/stephen-hawking-there-are-no-black-holes-1.14583>. Acesso em: 19 mar. 2015.

PEDUZZI, L. O. Q. Física aristotélica: por que não considerá-la no ensino da mecânica? **Caderno Catarinense de Ensino de Física**, v. 13, n. 1, p. 48-63, abr. 1996. Disponível em: <https://periodicos.ufsc.br/index.php/fisica/article/view/7078/6549>. Acesso em: 11 jul. 2014.

POR QUE os sumérios contavam com base no doze? **Almanaque do Ipem-PR**, 26 ago. 2010. Disponível em: <http://ipemsp.wordpress.com/2010/08/26/por-que-os-sumerios-contavam-com-base-no-doze>. Acesso em: 21 ago. 2014.

ROCHA, J. F. et al. **Origens e evolução das ideias da física**. Salvador: Edufba, 2002.

RONAN, C. A. **História ilustrada da ciência**: a ciência nos séculos XIX e XX. Rio de Janeiro: J. Zahar, 1987a. v. 4.

RONAN, C. A. **História ilustrada da ciência**: da Renascença à Revolução Científica. Rio de Janeiro: J. Zahar Ed., 1987b. v. 3.

RONAN, C. A. **História ilustrada da ciência**: das origens à Grécia. Rio de Janeiro: J. Zahar, 1987c. v. 1.

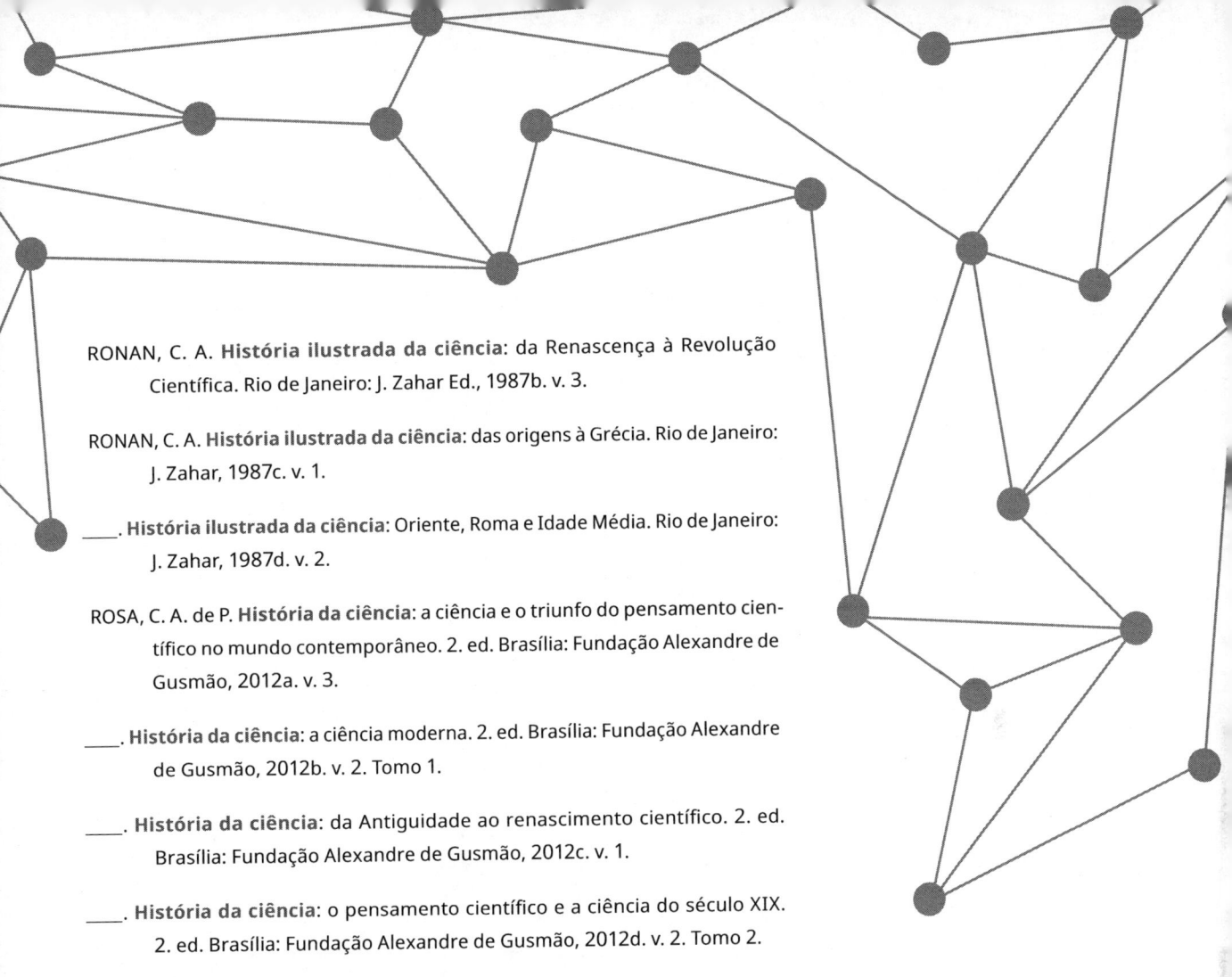

___. **História ilustrada da ciência**: Oriente, Roma e Idade Média. Rio de Janeiro: J. Zahar, 1987d. v. 2.

ROSA, C. A. de P. **História da ciência**: a ciência e o triunfo do pensamento científico no mundo contemporâneo. 2. ed. Brasília: Fundação Alexandre de Gusmão, 2012a. v. 3.

___. **História da ciência**: a ciência moderna. 2. ed. Brasília: Fundação Alexandre de Gusmão, 2012b. v. 2. Tomo 1.

___. **História da ciência**: da Antiguidade ao renascimento científico. 2. ed. Brasília: Fundação Alexandre de Gusmão, 2012c. v. 1.

___. **História da ciência**: o pensamento científico e a ciência do século XIX. 2. ed. Brasília: Fundação Alexandre de Gusmão, 2012d. v. 2. Tomo 2.

SAGAN, C. **Os dragões do Éden**. São Paulo: Círculo do Livro S.A., 1977.

SDE – Scenario Development Environment. **Estação Espacial Internacional**. Disponível em: <http://www.itec-sde.net/pt/biographies?article_id=&search=%23International_Space_Station>. Acesso em: 7 out. 2014.

SOARES, D. O universo estático de Einstein. **Revista Brasileira de Ensino de Física**, v. 34, n. 1, p. 1-4, 2012.

TIPLER, P. A. **Física para cientistas e engenheiros**: eletricidade e magnetismo, ótica. 6. ed. Rio de Janeiro: LTC, 2009a. v. 2.

___. **Física para cientistas e engenheiros**: mecânica, oscilações e ondas, termodinâmica. 6. ed. Rio de Janeiro: LTC, 2009b. v. 1.

TORRES, C. M. A.; FERRARO, N. G.; SOARES, P. A. T. **Física**: ciência e tecnologia. 2. ed. São Paulo: Moderna, 2010. v. 1.

UNIDADES de medir – SI. **Almanaque do Ipem-SP**, 2 fev. 2010. Disponível em: <http://ipemsp.wordpress.com/as-7-principais-unidades-de-medida-si>. Acesso em: 12 ago. 2014.

Respostas

Capítulo 2
Questões para revisão

1. b, c, d
2. a, c, d
3. a, b, d
4. c, d
5. b
6. d
7. 0,05 km
8.
    a) 10 m/s²
    b) 83,3 pés/s
    c) 2,27 kg
9. 5 horas
10. 15.000 polegadas

Capítulo 3
Questões para revisão

1. Dimensões: $M/L \cdot T^2$; unidades: $kg/m \cdot s^2$.
2. Todos os termos da equação têm dimensão de comprimento.
3. d

4.
- a) $1{,}9084 \cdot 10^{11}$
- b) $3{,}61 \cdot 10^3$
- c) $-9{,}57 \cdot 10^{-1}$
- d) $5 \cdot 10^{-1}$

5. $5 \cdot 10^{23}$ átomos

6.
- a) Massa de hidrogênio no Sol = $1{,}43 \cdot 10^{30}$ kg.
- b) Aproximadamente $8{,}58 \cdot 10^{56}$ átomos de hidrogênio.

7.
- a) $A = 5{,}10 \cdot 10^8$ km² (cerca de 510 milhões de quilômetros quadrados).
- b) $V = 1{,}08 \cdot 10^{12}$ km³ (cerca de 1 trilhão de quilômetros cúbicos).

8. Natureza do aparelho utilizado para medir o comprimento: 1 mm; natureza do aparelho utilizado para medir a temperatura: 1 °C.

9.
- a) 19,8 m
- b) 207 s
- c) 51 kgm/s²
- d) 7 m/s

10. Perímetro = 15,0 m; área = 13,8 m².

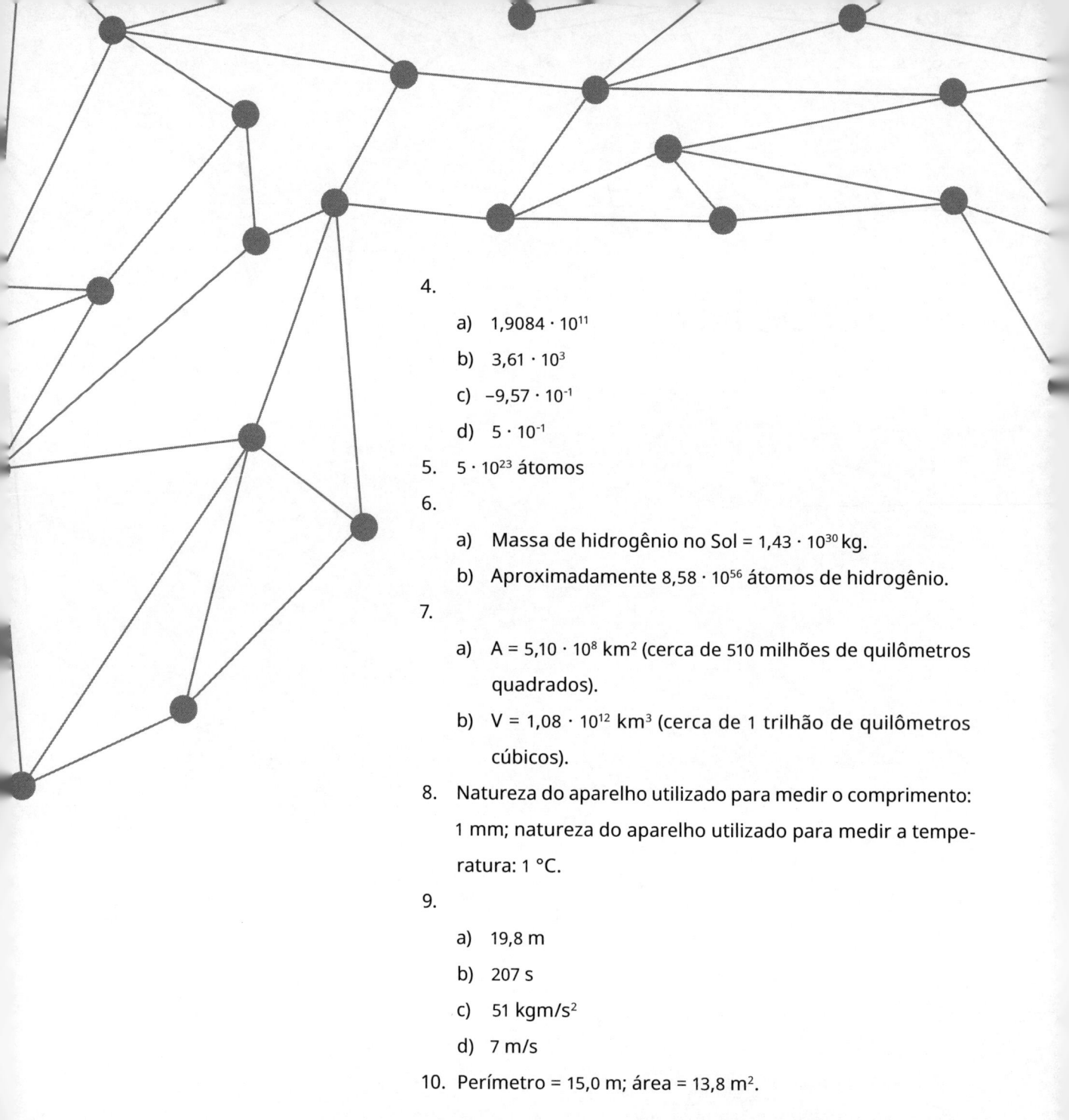

Capítulo 4
Questões para revisão

1. b, c, e
2. d
3. 12 km

4. $a = 2{,}5 \text{ m/s}^2$

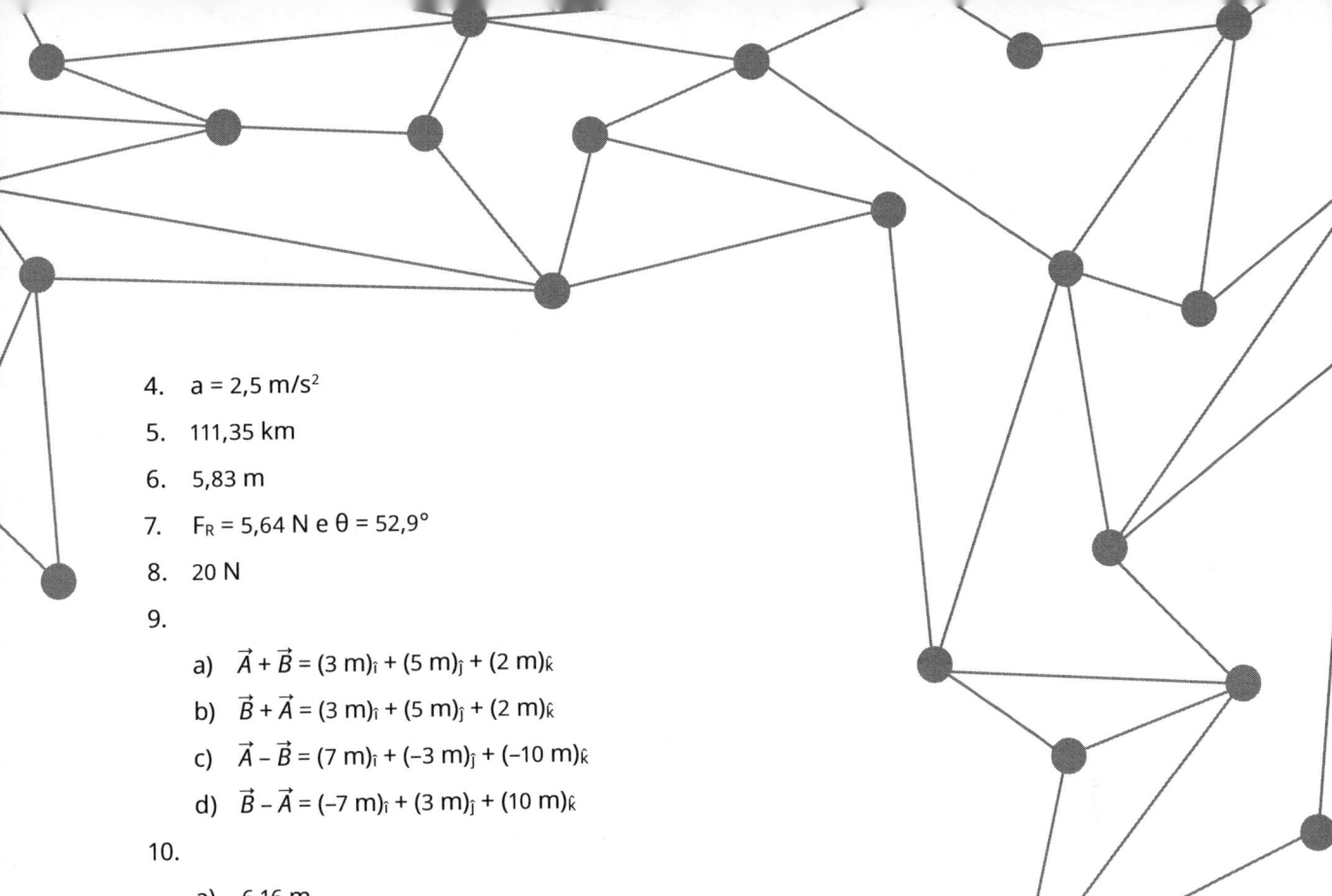

5. 111,35 km

6. 5,83 m

7. $F_R = 5{,}64 \text{ N}$ e $\theta = 52{,}9°$

8. 20 N

9.
   a) $\vec{A} + \vec{B} = (3 \text{ m})\hat{i} + (5 \text{ m})\hat{j} + (2 \text{ m})\hat{k}$
   b) $\vec{B} + \vec{A} = (3 \text{ m})\hat{i} + (5 \text{ m})\hat{j} + (2 \text{ m})\hat{k}$
   c) $\vec{A} - \vec{B} = (7 \text{ m})\hat{i} + (-3 \text{ m})\hat{j} + (-10 \text{ m})\hat{k}$
   d) $\vec{B} - \vec{A} = (-7 \text{ m})\hat{i} + (3 \text{ m})\hat{j} + (10 \text{ m})\hat{k}$

10.
   a) 6,16 m
   b) 6,16 m
   c) 12,56 m
   d) 12,56 m

Capítulo 5

Questões para revisão

1.
   a) 9,17 N
   b) 7,68 m/s
   c) 2,45 m
   d) 4,12 kgm/s
   e) $10{,}49 \text{ m/s}^2$

2. W = 18 Nm

3. k = 10

4. 180°

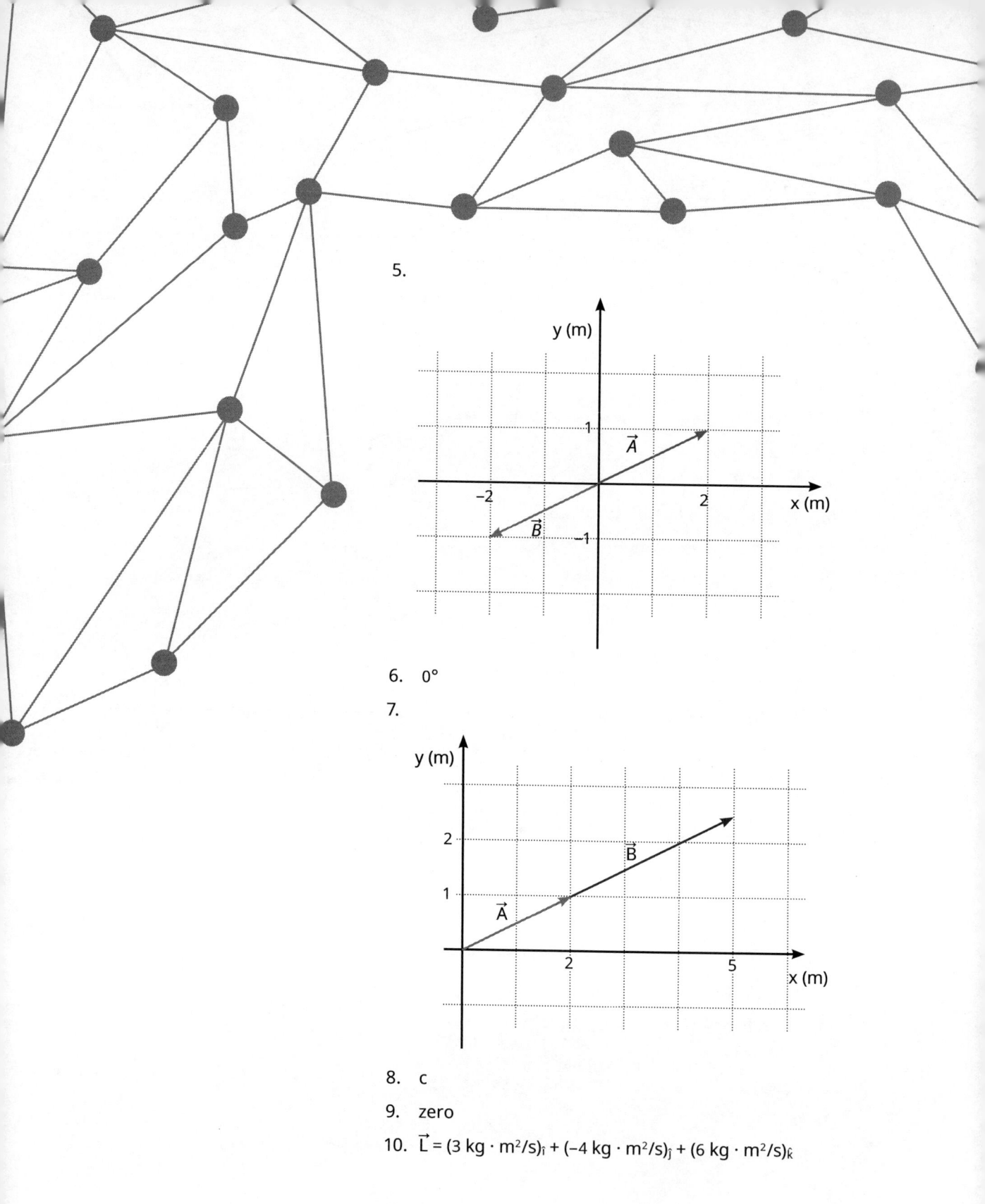

5.

[graph showing vector A from origin to (2,1) and vector B from origin to (-2,-1), on x-y axes in meters]

6. 0°

7.

[graph showing vector A from origin to (2,1) and vector B from (2,1) to (5,2.5), on x-y axes in meters]

8. c

9. zero

10. $\vec{L} = (3 \text{ kg} \cdot \text{m}^2/\text{s})\hat{i} + (-4 \text{ kg} \cdot \text{m}^2/\text{s})\hat{j} + (6 \text{ kg} \cdot \text{m}^2/\text{s})\hat{k}$

Sobre o autor

Álvaro Emílio Leite é graduado em Física pela Universidade Federal do Paraná (UFPR), especialista em Ensino a Distância pela Faculdade Internacional de Curitiba (Facinter) e mestre e doutor em Educação pela UFPR. Ministra aulas de Física e Matemática desde 2001, tendo atuado como professor dos ensinos fundamental, médio e superior. Em sua trajetória acadêmica, já participou de programas de iniciação científica e projetos de extensão universitária, foi tutor de acadêmicos de Física nas escolas públicas em que atuou, além de já ter participado de vários simpósios e congressos nacionais e internacionais sobre educação. Atualmente, é professor do departamento de Física da Universidade Tecnológica Federal do Paraná (UTFPR), onde ministra aulas para o curso de Física e cursos de Engenharia.

Impressão: BSSCARD
Abril/2015